Haben Spinnen Durst? Wie lange braucht eine Kuh, um den Grand Canyon mit Milch zu füllen? Wie kommen die Streifen in die Zahnpasta? Warum sind manche Menschen Links- und andere Rechtshänder?

Eine neue Sammlung ungewöhnlicher Fragen und verblüffender Antworten der Leser vom *New Scientist Magazine,* die uns ungeahnte Einsichten in unseren Alltag und in die Wissenschaft bietet. Denn die scheinbar simplen Fragen haben oft die überraschendsten Antworten, während die scheinbar verzwicktesten durch ihre einfachen Erklärungen erstaunen. Eine bezaubernde Mischung aus brillanter Wissenschaft und britischem Humor.

Mick O'Hare, 1964 in Mirsfield/England geboren, ist Redakteur bei der Zeitschrift *New Scientist* – der führenden englischen Wochenzeitschrift für Wissenschaft und Technik. Zuletzt erschien im Fischer Taschenbuch Verlag »Wie man mit einem Schokoriegel die Lichtgeschwindigkeit misst«.

Unsere Adressen im Internet: www.fischerverlage.de

Mick O'Hare (Hg.)

Wie lange eine Kokosnuss braucht, um aus der Karibik nach Europa zu schwimmen

und 101 neue Erkenntnisse aus der wunderbaren Welt der Wissenschaft

Aus dem Englischen
von Birgit Brandau

Fischer Taschenbuch Verlag

Wenn jemand die hier geschilderten Aktivitäten ausüben will, geschieht das auf eigene Gefahr. Weder der Herausgeber, das Magazin *New Scientist* noch der Verlag übernehmen irgendeine Haftung.

Deutsche Erstausgabe
Veröffentlicht im Fischer Taschenbuch Verlag,
einem Unternehmen der S. Fischer Verlag GmbH,
Frankfurt am Main, Oktober 2010

Die englische Originalausgabe erschien 2008 unter dem Titel
»Do Polar Bears Get Lonely? And 101 other intriguing science questions«
im Verlag Profile Books Ltd., London

Satz: ottomedien, Darmstadt
Druck und Bindung: Druckerei C.H. Beck, Nördlingen
Printed in Germany
ISBN 978-3-596-18575-7

Inhalt

Einleitung

Ich wette, Sie haben noch nie darüber nachgedacht, was Sie veranlasst, beim Lottospielen Zahlen nach dem Zufallsprinzip auszuwählen. Doch nachdem ich Sie darauf aufmerksam gemacht habe, möchten Sie es mit an Sicherheit grenzender Wahrscheinlichkeit wissen. Die verblüffende Antwort finden Sie auf Seite 238. Oder: Ist Ihnen schon aufgefallen, dass Sie, wenn Sie in Ihrer Familiengeschichte um 30 Generationen zurückgehen, auf mehr Verwandte kommen als überhaupt je Menschen gelebt haben? Der logische Fehlschluss wird auf Seite 248 korrigiert. Und was ist davon zu halten, sich um des Überlebens willen im Notfall stückweise selbst anzuknabbern? Vielleicht missfällt Ihnen, was wir auf Seite 64 vorschlagen. Bei näherem Hinsehen mögen *wir* den Vorschlag auch nicht …

Seit 15 Jahren tragen die Leser der Zeitschrift *New Scientist* mit ihrem erstaunlichen Wissen zu den Fragen und Antworten der Kolumne »Last Word« bei. Wir wissen jetzt, warum Käse Fäden zieht und wie viel Uhr es am Nordpol ist (und wie viel Uhr nicht). Wir wissen ebenfalls, wie wir unseren Kopf wiegen können und warum die Füße von Pinguinen nicht erfrieren. Ganz nebenbei haben wir auch mit einigen modernen Mythen aufgeräumt – schauen Sie beispielsweise auf Seite 75 nach, ob menschliche Haare und Nägel tatsächlich nach dem Tod weiterwachsen. Gern haben wir auch unsere eigenen Irrtümer eingestanden. Auf Seite 52 können Sie nachlesen, wie sehr wir durch ein paar zerbrochene Trinkgläser gedemütigt wurden.

Hier geht es um die grundlegenden Bestandteile wissenschaftlicher Forschung. Man entwickelt eine Hypothese, klopft sie nach allen Seiten ab, prüft sie mit ein paar Experimenten und akzeptiert oder verwirft sie, nachdem man sie während des Prozesses immer genauer formuliert hat. Just wie jeder große Wissenschaftler haben diejenigen, die zu diesem Buch beigetragen haben, Antworten aus dem vorhandenen Material abgeleitet und wurden von ihren Zeitgenossen unterstützt oder widerlegt. Genau das macht die Kolumne »Last Word« – und dieses Buch – zu einer derart faszinierenden Lektüre.

Sowohl in der wöchentlich erscheinenden gedruckten Ausgabe als auch online überrascht die »Last Word«-Gemeinde der *New-Scientist*-Leser immer wieder mit Antworten zu den merkwürdigsten Fragen der Welt. Neue Teilnehmer sind jederzeit willkommen. Sie können selbst Fragen stellen oder neue Antworten geben (und sogar solchen widersprechen, über die man sich früher einig war), indem Sie die gedruckte Ausgabe kaufen oder unsere Website besuchen (www.newscientist.com/lastword). Dort können Sie am Forum teilnehmen, den Blog lesen oder einfach Ihr Wissen einbringen und einige der erstaunlichen Rätsel des Lebens lösen. Vielleicht werden Sie sogar zum Star des nächsten Buches!

Bis dahin wünschen wir Ihnen viel Spaß mit dem vorliegenden Band, in dem wir uns ungewöhnlich oft dem Durst widmen. Im 5. Kapitel erfahren Sie, ob Fische, Delfine oder Spinnen durstig werden, und auf der gesamten Strecke können Sie Ihren Durst hinsichtlich der wissenschaftlichen Durchleuchtung des Trivialen stillen.

Mick O'Hare

Großer Dank gilt Jeremy Webb, Lucy Middleton, Ivan Semeniuk, den *New-Scientist*-Teams für Produktion, Redaktion, Layout, Internet, Presse und Marketing, James Kingsland, Frazer Hudson sowie Paul Forty und Andrew Franklin stellvertretend für alle, die sich bei Profile Books unermüdlich für die Entstehung dieses Buches eingesetzt haben. Sally und Thomas ist besonders für ihre Geduld bei der Produktion dieses Bandes und seiner Vorgänger zu danken. Und dann ist noch Ben Usher viel Glück bei seinen Reisen zu wünschen …

1 Essen und Trinken

Eine runde Sache

Warum haben Kronkorken auf Bierflaschen – jedenfalls auf den paar Hunderttausend, die ich getrunken habe – immer 21 Zacken?

Volker Sommer
Bielefeld, Deutschland

Auf diese Frage haben wir drei Antworten. Doch wir warten immer noch auf den Flaschenverschluss-Liebhaber (wovon anscheinend diverse existieren), der die Krone vergibt. – Red.

Die Gestaltung des Kronkorkens ist in der international anerkannten Deutschen Industrienorm (DIN) 6099 festgelegt. Auf diese Weise ist sichergestellt, dass die Kronkorken für alle Flaschen gleich sind. Neben der Form der Kapsel werden die Größe des Flaschenhalses, die Form des Randes, um den sich die Zacken legen, und die möglichen Materialien für die Kapsel spezifiziert. Eine Anforderung ist, den Flaschenhals rundum luftdicht zu verschließen, daher braucht die Kapsel eine entsprechende Kreisform und eine hohe Zahl von Zacken (d. h. Aufliegepunkten). Gleichzeitig soll sie sehr robust sein, was wiederum eine geringere Zahl von Zacken verlangt, um der einzelnen Zacke eine höhere Stabilität zu verleihen. Die Zahl von 21 Zacken bildet einen guten Kompromiss zwischen diesen beiden Anforderungen und ist in der Norm festgeschrieben. Auf die Frage, warum es aber 21 und nicht

20 oder 22 Zacken sind, lautet die Antwort schlicht: »Es ist halt so.«

S. Humphreys
Oxted, Surrey, UK

Mit seinen Versuchen hat William Painter, der Erfinder des Kronkorkens, festgestellt, dass die optimale Anzahl von Zacken an einer Stahlkapsel zum Verschließen von kohlensäurehaltigen Getränken 24 beträgt. Er hat seinen Entwurf als Patent angemeldet, und viele Jahre war der 24-zackige Kronkorken der Standard. Doch um 1930 erwuchs der Stahlkapsel Konkurrenz durch eine billigere Version aus Zinnblech. Diese neue Kapsel hätte kein Patent bekommen, wenn sie auch 24 Zacken gehabt hätte, also änderte man die Zahl auf 21 ab, um eine Rechteverletzung zu vermeiden. Die neue Anzahl ist die Mindestzahl von Zacken, die nötig ist, damit es keine Lecks gibt, und wird heute auf der ganzen Welt eingesetzt.

Chitran Duraisamy
Seven Hills, New South Wales, Australien

Das Patent für den Kronkorken erhielt Painter am 2. Februar 1892 (US-Patent 468 258). Der Originalentwurf hatte 24 Zacken, eine Korkdichtung und eine Papierisolierung, damit Getränk und Metall nicht miteinander in Berührung kamen. Die moderne Version hat 21 Zacken.

Die 24-zackigen Kapseln wurden ursprünglich mit einer per Pedal zu bedienenden Maschine einzeln nacheinander auf die Flaschen gedrückt. Bei den später eingeführten automatischen Maschinen wurden die Kapseln in eine ringförmige Abfüllanlage eingegeben, wo sich die Kronkorken mit 24 Zacken häufig verkanteten. Mit einer ungeraden Zahl von Zacken passiert das nicht, und da 21 Zacken ebenso luftdicht verschließen wie 23, hat man die kleinere Anzahl gewählt.

Die Seitenhöhe des Kronkorkens wurde ebenfalls verringert und in der DIN 6099 in den 1960er Jahren festgeschrieben. Darin ist auch der »Twist-off«-Kronkorken spezifiziert, der in den USA weit verbreitet ist.

Barry Painter
Niedernhausen, Deutschland

Müsli-Mörder

Die meisten gesundheitsbewussten Leute, die ich kenne, bevorzugen zum Frühstück Müsli oder Obst. Das versorgt sie mit komplexen Kohlenhydraten, die langanhaltende Energie bedeuten. Doch ich verrichte als Gärtner körperliche Arbeit und habe nach einem derartigen Frühstück spätestens um 10.00 Uhr Heißhunger. Wenn ich hingegen Eier esse, hält es bis mittags vor. Natürlich brauche ich Proteine, aber die versorgen mich nicht mit Energie. Was für Prozesse laufen da ab und ist das üblich?

Steve Law
Kingston, West Sussex, UK

Wahrscheinlich sind unsere Jäger-Sammler-Vorfahren schuld daran, dass für uns Eier am Morgen von Vorteil sind. Im Verlauf der menschlichen Evolution hat sich unser Körper an jene Nahrung angepasst, die die längste Zeit zur Verfügung stand, nämlich die eines Jägers und Sammlers. Man geht davon aus, dass dabei mageres Fleisch, Obst und Gemüse vorherrschten. Getreide hingegen ist ein relativ neuer Bestandteil unseres Speisezettels, es hat erst mit der neolithischen Revolution vor nur rund 10 000 Jahren den Weg auf unseren Tisch gefunden.

Es heißt, unsere voragrarische Ernährungsweise sorge am besten für gesunde Körperfunktionen – wozu eine bessere Energieproduktion und Appetitzügelung gehören. Ein Charakteristikum dieser Art der Ernährung ist eine geringe »glykämische

Last«, was bedeutet, dass bei der Verdauung Glukose langsam ins Blut abgegeben wird. Ein anderes ist ein höherer Anteil magerer Proteine als bei der heutigen menschlichen Ernährung. Beide Merkmale treffen auch für Ihre Eier zu, während die meisten Frühstückszerealien und Obst eine höhere glykämische Last und einen niedrigen Proteingehalt aufweisen.

Die niedrige glykämische Last Ihrer Mahlzeit trägt zur Stabilisierung Ihres Blutzuckerspiegels bei, so dass es kein rasches Absinken gibt, das ein Hungergefühl auslöst. Das in Eiern enthaltene Protein steigert zudem die Produktion von Cholecystokinin, einem Sättigungshormon des Magen-Darm-Trakts. Außerdem sind Kohlenhydrate nicht die einzige Energiequelle in unserer Nahrung. Das in Ihren Frühstückseiern enthaltene Fett liefert etwa doppelt so viel Energie wie Kohlenhydrate, allerdings in einer Form, die langsam abgegeben wird.

Benjamin Brown
Mitarbeiter in der praktischen Forschung der Firma Health World
Northgate, Queensland, Australien

Heilige DNS

Tiere und Pflanzen haben gemeinsame genetische Vorfahren. Sollten deshalb Vegetarier, die aus ethischen Gründen kein Fleisch essen, auf alles verzichten, was DNS enthält? Ist das machbar und kann jemand ein Menü vorschlagen?

Richard Ward
Ipswich, Suffolk, UK

Ich kenne keinen lebenden Organismus, der keine DNS enthält, also kommen Zellgewebe und Zellkulturen nicht in Frage. Sie könnten RNS-Viren essen, aber die werden in einer Zellkultur hergestellt, für die grundsätzlich Tierserum benötigt wird, um die Zellen am Leben zu erhalten. Ihr Essen würde zwar keine

DNS enthalten, aber für seine Produktion müssten Tiere getötet werden.

Ein anderer Kandidat, der sich aufdrängt, sind die roten Blutkörperchen. Bei vielen Arten, auch den Menschen, werden bei diesen Zellen im Verlauf der Reifung Zellkern und Mitochondrien verworfen. Dies geschieht, um zusätzlichen Platz für Hämoglobin zu schaffen, das eisenhaltige Protein, das Sauerstoff bindet. Da Kern und Mitochondrien die gesamte DNS der Zelle enthalten, können Sie, sofern Sie das Tier nicht dafür töten, das Trinken von Tierblut als ultimative vegetarische Ernährungsweise bezeichnen. Allerdings müssen Sie die weißen Blutkörperchen ausfiltern, denn die besitzen noch jede Menge DNS. Doch die übrigen Blutbestandteile sind in Ordnung. Sie versorgen Sie mit Proteinen, einigen Zuckerarten, Vitaminen und voraussichtlich mehr Eisen als gesund ist.

Wenn das Ihren Appetit nicht anregt, können Sie auch synthetische Lebensmittel in Erwägung ziehen. Biologen entwickeln regelmäßig Hefen und Bakterien, um etwa ein bestimmtes Protein oder andere organische Moleküle im großen Stil zu gewinnen. Ich denke, diese Produktion ließe sich erweitern, um genügende Mengen an gereinigten Proteinen, Zuckern und so weiter zu bekommen, so dass sie als Nahrungsmittel dienen können. Erwarten Sie jedoch keinen Geschmack: Die Proteine und Zucker würden als kristallines Puder aus den Kulturen gefiltert. Ich weiß nicht, ob es möglich ist, auf diese Weise Fette zu gewinnen, ohne die Zellen abzutöten, aber das Ergebnis wäre dabei ein Öl oder ein ziemlich ekliger Glibber. Auf alle Fälle benötigen Sie zur Erhaltung der Zellkulturen für Ihre Produktion aber Antibiotika, um die Mikroorganismen abzutöten, die sie verunreinigen würden. Und das liefe der grundsätzlichen Idee zuwider.

Viele, wenn nicht alle der verschiedenen Vitamine und Nährstoffe, die wir brauchen, könnten sicher auf ähnliche Weise synthetisch hergestellt werden, vorausgesetzt, man hat genug Geld und Zeit. Die lebenswichtigen Spurenelemente – Eisen, Kupfer, Zink, Jod usw. – lassen sich bestimmt in einer guten synthetischen Drogerie finden. Und natürlich können Sie auch einfach Milch trinken. Das ist eine komplexe Mischung abgesonderter Proteine, Fette, Zucker und so ziemlich allem anderen, was wir zum Überleben brauchen. Sie kann zwar Zellen des Tiers enthalten, das sie produziert hat, aber die könnten Sie ja herauszentrifugieren.

Christopher Binny
Per E-Mail, ohne Ortsangabe

Ich kann Ihnen einzig eine Schüssel gebackener Retroviren auf Crackern aus gereinigter Stärke empfehlen, gebraten in einem gereinigten Fett nach Wahl und mit Salz und Essig gewürzt. Als Nachspeise könnten Sie ein Schnee-Sorbet wählen, das mit gereinigtem Zucker, Honig oder Sirup gesüßt wird und mit einem Hauch Zitronensäure Pfiff bekommt. Nach Geschmack können Sie Vitamine, Spurenelemente und ätherische Öle hinzufügen. Hinunterspülen lässt sich das Ganze mit jedem beliebigen Alkohol beziehungsweise Wein oder Bier, aus dem alle Hefereste herausgefiltert wurden.

Bryn Glover
Cracoe, North Yorkshire, UK

Die folgende Information habe ich an der Wand des Johnson Space Center in Houston, Texas, entdeckt: Ein Kubikmeter Mondboden enthält alle Elemente, die auch für einen Cheeseburger, eine Portion Pommes und einen Softdrink benötigt werden. Diese Mahlzeit würde keine DNS enthalten, wäre aber vielleicht ein bisschen teuer.

Graham Kerr
Glasgow, UK

Ich habe vor ein paar Jahren just darüber nachgedacht und meine Überlegungen in einem Kochbuch zusammengefasst, das Sie online unter www.cs.st-and.ac.uk/~norman/Shorts/inorganic.html finden.

Norman Paterson
Anstruther, Fife, UK

Um Ihnen den Mund wässrig zu machen, hier ein Rezept aus Norman Patersons Buch. – Red.

Für vier Malachit-Burger benötigen Sie:

4 Scheiben walisischen Schiefer
1 kg Malachit

Schneiden Sie die Schieferscheiben in der Mitte durch. Zerstoßen Sie den Malachit mit einem Holzhammer, und verteilen Sie die Masse gleichmäßig auf vier der Schieferscheiben. Decken Sie sie mit den restlichen vier Scheiben ab. Backen Sie die Burger 12 Stunden lang bei 1200° C, bis der Malachit schöne grüne Blasen schlägt. Abkühlen lassen und servieren. Besonders geeignet für Picknicks, da man sie ein Jahrhundert zuvor zubereiten kann. Ein trockenes, sandiges Aroma.

Die meisten Menschen, die aus ethischen Gründen vegetarisch leben, sind dagegen, Tiere zu töten. Sie verdammen den sinnlosen Tod von Tieren und ihre unmenschliche Behandlung und machen sich weniger Sorgen um gemeinsame DNS. Vegetarier haben kein Problem, Grünpflanzen und Pilze zu essen, weil diese kein zentrales Nervensystem haben und daher keinen Schmerz empfinden können.

Ceridwen Fitzpatrick
Perth, Australien

Wenn alle Pflanzen und Tiere eine gemeinsame DNS haben, dann sind wir vielleicht alle Vegetarier. Oder die Welt ist voller Kannibalismus, weil wir auch alle Pflanzen sind.

Oder aber Vegetarier könnten ihre Nachbarn ohne allzu große Schuldgefühle essen. Nach der Logik der »gemeinsamen DNS« wäre das nicht mehr oder weniger kannibalisch als der Biss in ein Radieschen. Die einzige Lösung angesichts all dieser Dilemmata wäre, dass sich alle Lebewesen ausschließlich mit anorganischen Mineralien und Nährstoffen versorgen. Es ist allerdings unwahrscheinlich, dass nichtmenschliche Tiere aufhören, das zu sich zu nehmen, was sie wollen.

Brian Falconer
Aberdeen, UK

Füllsel

Ich habe kürzlich eine Geflügelfüllung gekocht und in einer mit Aluminiumfolie abgedeckten Schüssel über Nacht in den Kühlschrank gestellt. Am nächsten Morgen waren dort, wo das Aluminium die Füllung berührt hatte, Löcher und auf der Füllung befanden sich schwarze Flecke an den entsprechenden Stellen. Eine rohe Füllung hat diese Auswirkungen nicht, während es bei der gekochten keinen Unterschied macht, ob sie in dem Vogel oder separat gegart wurde. Welche Reaktion läuft hier ab, und sind die schwarzen Flecken giftig?

Andrew Stiller
Philadelphia, Pennsylvania, USA

Ohne seine unlösliche, submikroskopische Oxidschicht würde Kochgeschirr aus Aluminium leicht Feuer fangen. Glücklicherweise taucht dieses Problem normalerweise nicht auf, denn Risse in der Oxidschicht des Aluminiums werden sofort geschlossen, weil das freigelegte Metall mit Luft oder Wasser reagiert. Doch sobald beispielsweise Quecksilber, bestimmte Alkalien oder Säuren diese Schicht auflösen, reagiert das darunterliegende Metall heftig. Während Aluminiumtöpfe und -folie also in der Küche hilfreich sind und keine Gefahr darstellen, ist es wichtig, sie von starken Salzlösungen oder Ätznatron und auch von feuchten Nahrungsmitteln fernzuhalten, solange diese nicht gerade kochen.

Der Grund ist, dass feuchte, fettige Materialien wie etwa ausgelassenes Schmalz, fettlösliche Detergenzien bilden, die in mikroskopisch kleine Ritze in der Oxidschicht eindringen und die Luft ausschließen, die sonst für die Reparatur der Schicht sorgen würde. Stattdessen werden winzige Löcher in das Metall geätzt. Wenn flüssiges Fett das Metall überzogen hat, kann sich sogar eine kalte Hühnersuppe über Nacht durch einen dicken Aluminiumtopf fressen.

Die schwarzen Flecken entstehen vor allem aus kleinen Eisenmengen im Aluminium. Die sind nicht tödlich, aber man sollte besser keine Nahrungsmittel zu sich nehmen, die stark mit Metall verunreinigt sind. Zudem wird der Geschmack dadurch beeinträchtigt. Außer für kurze Augenblicke sollte man gekochte fette oder ätzende Speisen lieber in Plastikfolie einschlagen.

Jon Richfield
Somerset West, Südafrika

Wasserquellen

Bei dem Mineralwasser, das mein örtlicher Händler verkauft, steht auf dem Etikett, dass es aus einer über 3000 Jahre alten Quelle stammt. Gleichzeitig wird eine Mindesthaltbarkeitsdauer von rund zwei Jahren ausgewiesen. Wieso kann Wasser, das sich 3000 Jahre in dem Aquifer gehalten hat, in einer verschlossenen Flasche schlecht werden?

Lewis Smith
Swansea, West Glamorgan, UK

Mineralwasser läuft durch Gesteinsschichten, die unterschiedliche Wirkungen auf es ausüben. So lösen sich verschiedene Mineralien darin, die den Geschmack verbessern und die heilsame Wirkung bedingen – weshalb es begehrt ist.

Aufgrund ihrer Kleinheit fungieren die Gesteinsporen als Filtersystem. Sie halten größere Moleküle wie etwa biologische Verunreinigungen zurück und erhöhen so die Reinheit des Wassers. Sobald es an die Oberfläche kommt, ist es wieder der Gefahr von Verunreinigungen ausgesetzt. Das Mindesthaltbarkeitsdatum gibt den Zeitraum an, für den der Abfüller davon ausgeht, dass keine messbaren Verunreinigungen auftreten, die daraus resultieren, dass seine Anlage nicht absolut steril ist.

Wenn das Wasser in Plastikflaschen abgefüllt wird, berücksichtigt das Datum auch Verunreinigungen durch die Kunststoffkomponenten, die den Geschmack des Wassers verändern können.

John Thompson
London, UK

Der Grund für das Mindesthaltbarkeitsdatum bei abgefülltem Quellwasser liegt nicht im Inhalt, sondern im Behälter. Das meiste Mineral- oder Quellwasser wird in Polyethylenterephthalat-Flaschen (PET) abgefüllt. Bei ihrer Herstellung verbleiben Spuren des Katalysators oder Weichmachers, der Antimon enthalten kann, im Kunststoff und gelangen im Lauf der Zeit in das Mineralwasser. Um das zu vermeiden, sollte man Glasflaschen bevorzugen, die dem Zahn der Zeit besser standhalten.

Rob Davids
St. Ives, New South Wales, Australien

»Reines« Wasser verfault nicht oder wird plötzlich schlecht. Doch Getränke- wie Lebensmittelhersteller müssen zu ihrer eigenen Sicherheit Mindesthaltbarkeitsdaten angeben. Wenn die Flasche lange genug herumsteht, kann sich der Kunststoff zersetzen oder der Verschluss undicht werden, so dass Bakterien eindringen und das Wasser verunreinigen können.

Was das Alter von 3000 Jahren angeht: Das meiste Wasser, das wir trinken, besteht wahrscheinlich aus Molekülen, die seit Millionen von Jahren existieren. Entscheidend ist die Reinheit des Wassers, nicht sein Alter. 3000 Jahre in einer unterirdischen Wasserschicht mögen zwar alle organischen Substanzen herausfiltern, aber gelöste Schadstoffe wie etwa Arsenik können immer noch enthalten sein.

Simon Iveson
Mayfield, New South Wales, Australien

Geschmackssachen

Warum schmecken gegarte Lebensmittel im kalten Zustand anders als im heißen?

Alan Parson
London, UK

Gegarte, feste Nahrung ist keine statische Substanz. Chemisch wie physikalisch handelt es sich um komplexe dynamische Systeme, die sich ständig verändern und dabei nicht zu unserem Wohlgefallen innehalten. Also wird es bestraft, wenn wir sie zu früh oder zu spät essen.

Das Kochen wie das Abkühlen verändert die verschiedenen Substanzen in den Lebensmitteln und hat Auswirkungen auf Geschmack und Zusammensetzung. Die Reste vom Vortag haben verschiedene Reaktionen durchlaufen, unter anderem Oxidation und die Verdunstung von Aromen und Geschmackskomponenten. Lebensmittel verändern sich beim Abkühlen auch physikalisch, beispielsweise indem sie gerinnen, spröde werden oder kristallisieren. Diese Änderungen können dazu führen, dass bestimmte Substanzen nicht mehr auf unsere Zunge und in unsere Nase gelangen oder Flüssigkeiten ausgeschieden oder neu verteilt werden. Wenige dieser Veränderungen werden beim erneuten Erhitzen komplett rückgängig gemacht, ebenso wie man Lebensmittel nicht durch Abkühlen wieder in den Rohzustand versetzen kann.

Manche Veränderungen sind erwünscht, etwa das Erstarren von Gelee und Eiscremes, aber die verschiedensten Speisen werden nicht umsonst bei einer bestimmten Temperatur zubereitet. Frische, heiße Lebensmittel bieten eine Fülle von Aromen in einer Ausgewogenheit, die kein Wiedererhitzen zurückbringen kann.

Colin Collison
London, UK

Nur ein kleiner Teil des Geschmacks von Lebensmitteln wird von unserer Zunge wahrgenommen. Ihre Geschmacksknospen unterscheiden nur fünf Grundqualitäten: bitter, salzig, sauer, süß und umami (herzhaft). Das meiste dessen, was wir als »Geschmack« bezeichnen, sind eigentlich Aromen, die aus den Gerüchen stammen, die die olfaktorischen Zellen der Nase wahrnehmen. Dafür müssen Aromamoleküle aus dem Mund aufsteigen. Und das geschieht leichter, wenn die Lebensmittel heiß sind, so dass Konvektionsströme entstehen und die Geruchsmoleküle – wie Flüssigkeitsmoleküle – instabil und beweglicher werden.

In den Speisen enthaltenes Wasser und Speichel können die Aromamoleküle lösen, so dass sie die Geschmacksknospen schneller erreichen, während der Geruch der Aromen in die Nase gelangt. Bei einer Erkältung, die die Nase verstopft, wird der Geschmack noch stärker als bei kalten Speisen reduziert, so dass man schließlich Äpfel und Zwiebeln nicht mehr unterscheiden kann.

Elisabeth Gemmell
Bearsden, Strathclyde, UK

Zwillingsküken

Als ich mein Frühstücksei aufschlug, entdeckte ich ein komplettes zweites Ei darin. Es handelte sich nicht um ein Ei mit zwei Dottern, sondern um ein Doppelei – ein zweites Ei mit Schale und Dotter im ersten. Hat jemand eine Erklärung dafür?

Liam Spencer
York, UK

Ein Ei im Ei ist etwas sehr Ungewöhnliches. Normalerweise entwickelt sich ein Vogelei mit der Freigabe der Eizelle aus dem Eierstock. Sie wandert durch den Eileiter und wird nacheinander mit Dotter, Eiweiß und Membran umgeben, ehe die Schale folgt und das Ei gelegt wird.

Gelegentlich wandert ein Ei im Eileiter wieder zurück und trifft dabei auf ein anderes Ei, das es mit in seine Schale einschließt, so dass ein Ei im Ei entsteht. Niemand weiß genau, aus welchem Grund sich das erste Ei wieder zurückbewegt. Eine der Theorien besagt, dass ein plötzlicher Schock der Auslöser sein könnte. Das Ei im Ei kommt sowohl bei Haushühnern, Perlhühnern, Enten und sogar Wachteln vor.

Es ist übrigens äußerst ungewöhnlich, dass man dieses Phänomen bei einem Ei, das im Laden gekauft wurde, beobachten kann, denn diese Eier werden grundsätzlich durchleuchtet, um Anomalien auszusondern.

Alex Williams
Haverfordwest, Pembrokeshire, UK

Als Kurator der Eiersammlung des britischen Naturhistorischen Museums sind mir eine ganze Reihe von ungewöhnlichen Eiern zu Gesicht gekommen. Doppeleier sind – im Gegensatz zu Eiern mit mehreren Dottern – seltener als einige andere oologische Anomalien, und daher beschäftigt das »ovum in ovo«, wie das beschriebene Phänomen bezeichnet wird, seit mehreren Jahrhunderten die Wissenschaft in besonderer Weise.

Der Dominikanermönch und Universalgelehrte Albertus Magnus erwähnt »ein Ei mit zwei Schalen« bereits 1250 in seinem Buch *De animalibus*, und Ende des 17. Jahrhunderts haben sich auch Anatomie-Vorreiter wie William Harvey, Claude Perrault und Johann Sigismund Elsholtz dem Phänomen gewidmet.

Vier grundlegende Typen sind zu unterscheiden – Varianten von dotterlosen bis zu kompletten Eiern – wobei die Form, dass sich ein vollständiges Ei in einem vollständigen Ei befindet, relativ selten ist. Mehrere Theorien hinsichtlich der Entstehung von diesen Doppeleiern wurden aufgestellt; die wahrscheinlichste besagt, dass die normale rhythmische Muskelbewegung oder Peristaltik, die das sich entwickelnde Ei durch den Eileiter transportiert, gewisse Fehlfunktionen aufweist.

Eine Reihe anormaler Kontraktionen könnte ein vollständiges oder halb vollständiges Ei den Eileiter wieder hinaufbewegen. Und wenn dieses Ei auf ein anderes Ei trifft, das sich auf dem normalen Weg nach unten befindet, kann Letzteres das Erstere in sich aufnehmen. Oder einfacher: Eine weitere Lage aus Eiweiß und Schale legt sich um das ursprüngliche Ei.

Wenn das innere Ei oder »Zwergei« keinen Dotter aufweist, befindet sich häufig ein Fremdkörper darin. Der hat als Nukleus fungiert, um den sich Eiweiß und Schale bilden – ein Vorgang, der dem Wachsen einer Perle nicht unähnlich ist.

Alle, die mehr über diese Angelegenheit erfahren möchten, sollten sich *The Avian Egg* von Alexis Romanoff und Anastasia Romanoff (John Wiley & Sons, 1949) beschaffen und S. 286–295 lesen.

Douglas Russell
Kurator der Vogelgruppe, Zoologische Abteilung, The Natural History Museum
Tring, Hertfordshire, UK

Die Farbe von Vanillesoße

Warum ist trockenes Vanillesoßenpulver (Custard) rosafarben und wird erst gelb, wenn man Flüssigkeit hinzufügt?

Heather und Claire McGee
Belper, Derbyshire, UK

Custard-Pulver wird häufig mit einer Mischung aus Tartrazin (E102) und Chinolingelb (E104) gefärbt, der Gelborange (E110) zugesetzt wird. In Wasser gelöst, sind alle drei Farben gelb, aber in der trockenen Form tendiert E110 stärker nach orangerot, und dieser Ton dominiert.

Mischt man sie mit den anderen Bestandteilen des Custard-Pulvers, die weiß sind, ergibt sich ein pastellfarbenes Orangerot oder Rosa. Viele Farbstoffe, flüssige wie Pigmente, weisen in reiner Form einen völlig anderen Ton auf als nach der Verarbeitung.

Dave Holey
Lower Hutt, Neuseeland

Schaler Geschmack

Warum schmecken moussierende Getränke wie Limonade, Cola oder Sekt weit besser als dieselbe Flüssigkeit, wenn sie abgestanden ist?

Olaf Lipinski
Bad Homburg, Deutschland

Die meisten moussierenden Getränke werden hergestellt, indem man der Flüssigkeit unter hohem Druck Kohlendioxid zuführt. Kohlendioxid löst sich bereits unter Normaldruck, doch dank des erhöhten Drucks kann noch mehr gelöst werden. Im Getränk bildet es Kohlensäure, und die verleiht den reizvollen Geschmack des Prickelns – und nicht die Bläschen, wie viele glauben. Wenn das Getränk schal wird, ist das meiste Kohlendioxid wieder in die Atmosphäre entwichen, und damit hat auch die Menge an Kohlensäure abgenommen.

Der prickelnde Geschmack ist schlicht reizvoller als der schale, weil das Getränk als moussierendes gedacht ist. Cola und Sekt beispielsweise werden im Hinblick auf das Prickeln erzeugt. Bei ihnen ist die Kohlensäure eine wesentliche Geschmackskomponente, also schmecken sie natürlich besser, solange sie noch moussieren. Wenn sie schal sind, fehlt eine Hauptkomponente ihrer Aromen, und ihr Geschmack ändert sich insgesamt – normalerweise nicht zum Besseren.

Martin Roos
Northolt, Middlesex, UK

Ein angenehmer Geschmack ist das Ergebnis verschiedener, häufig gegensätzlicher Sinneswahrnehmungen und Erwartungen. Dazu gehören Temperatur – etwa bei heißen und kalten Getränken – sowie Ton und Textur bei Knusprigem und Cremigem und schließlich Aroma, Geschmack und Reize auf der Zunge. Das Prickeln wird üblicherweise mit Hilfe von Kohlendioxid erzeugt, auch wenn Pressluft einigen nicht kommerziell verwerteten Quellwassern eine gewisse Spritzigkeit verleiht. Ein gutes Prickeln kitzelt die Nase und verteilt beim Trinken winzige stimulierende Tröpfchen im Mundraum.

Gelöstes Kohlendioxid hat einen unverwechselbaren, leicht scharfen Eigengeschmack. Schale Getränke haben diesen Biss verloren. Beim Schalwerden ändert sich die Balance der Aromen und anderen Stimuli, und ohne die schmeckt das Getränk langweilig, zu süß oder – eben – schal.

Jon Richfield
Somerset West, Südafrika

Eine Nebenwirkung bei der Einnahme von Acetazolamid ist, dass alle kohlensäurehaltigen Getränke schal schmecken. Acetazolamid wirkt vorbeugend gegen Höhenkrankheit, indem der Säuregehalt des Blutes vorab auf das Akklimatisierungsniveau eingestellt wird. Das neutralisiert auch den Säuregehalt aufgrund der Kohlensäure in moussierenden Getränken, so dass diese schmecken, als wären sie schal. Ich habe diese merkwürdige Wirkung am eigenen Leib erfahren, als ich im letzten Sommer vor der Besteigung des Kilimandscharo in Tansania Sodawasser getrunken habe.

David Clough
University of Cambridge, UK

Faltenlos

Wie erzeugt man den glatten, rundum makellosen Schokoladenüberzug auf Süßwaren wie Maltesers oder Whoppers?

Hörerfrage bei BBC Radio 5 Live, UK

Ich habe 1977 sechs Monate lang Smarties hergestellt, einen ähnlichen Süßwarentyp. Die Schokoladenkerne wurden in ein Gerät gefüllt, das an einen Zementmischer erinnerte. Darin wurden sie mehrfach nacheinander mit einer süßen, stärkehaltigen Flüssigkeit und Puderzucker ummantelt und nach jeder Lage mit Luft getrocknet. Ich brauchte ein oder zwei Wochen, um den Trick zu begreifen, der eine gleichmäßige Oberfläche garantiert: Wir mussten verklumptes Material entfernen, das richtige Verhältnis zwischen flüssig und trocken finden und die einzelnen Lagen so dünn wie möglich halten. Die mit Klümpchen durchsetzten Exemplare der Anfänger wurden als zweite Wahl verkauft.

Ich verarbeitete etwa eine Tonne Schokoladenkerne pro Tag, die ich mit der inneren weißen Schicht versah. Die erfahreneren Kräfte applizierten dann die äußere Drageehülle in ähnlichen »Zementmischern«. Die fertigen Linsen wurden schließlich zum Polieren in gemahlenem Bienenwachs gewälzt. Das galt aber nicht für die schwarzen Smarties: Bei ihnen wurde Vaseline verwendet, wohl, um einen milchigen Schimmer zu vermeiden.

Es ist bezeichnend, dass es sich dabei nicht um eine Fließbandproduktion handelte. Jeder Mitarbeiter war für seine eigene Charge verantwortlich und benötigte, abhängig von der Erfahrung, zwischen einer bis eineinhalb Stunden für die einzelne Partie.

Peter Verney
Hebden Bridge, West Yorkshire, UK

Existenzminimum

Ich habe gehört, eine vierköpfige Familie könne sich jahrein, jahraus von acht Quadratmetern Land ernähren. Ist das wirklich irgendwo auf der Welt möglich? Und reichen dafür zwei Stunden pro Woche, wie es gleichfalls hieß? Wie sähe dann der Speisezettel aus?

Jan Horton
West Launceston, Tasmanien, Australien

Die Meinungen darüber gehen auseinander. Eine endgültige Antwort ist wohl erst möglich, wenn jemand den Ertrag von acht Quadratmetern Land genau bemisst – ein Experiment, das mit an Sicherheit grenzender Wahrscheinlichkeit aus schierer Not in vielen armen Ländern bereits läuft. – Red.

Ein entscheidender Faktor ist der Energiefluss. Die Intensität der Sonneneinstrahlung auf der Erdoberfläche hängt von der Jahreszeit und dem Breitengrad ab. Doch im weltweiten Mittel beträgt ihre Strahlungsleistung rund 300 Watt pro Quadratmeter im Verlauf von 24 Stunden. Also hat ein Quadratmeter jeden Tag eine durchschnittliche Energiezufuhr von rund 26 Megajoule – ein Wert, der in der Nähe des Äquators höher liegt. Die empfohlene tägliche Energiezufuhr über die Nahrung beläuft sich auf rund 2000 Kilokalorien. Das heißt, der Durchschnittsquadratmeter empfängt genug Solarenergie, um drei Menschen zu ernähren. Doch da die Photosynthese nur eine Effizienz von 10 Prozent erreicht, benötigt man mehr als drei Quadratmeter pro Person. Die Fläche von nur zwei Quadratmetern könnte in Äquatornähe so eben ausreichen, aber mir erscheint das sehr optimistisch.

Weitere Schwierigkeiten dürften die Beschaffung der nötigen Nährstoffe und Mineralien sowie jahreszeitliche Schwankungen der Ertragsmengen bereiten.

Simon Iveson
Universitas Pembangunan Negeri
Yogyakarta, Indonesien

Ich wiege die Erträge meines Gartens nicht, aber in diesem Jahr habe ich genug geerntet, um zusätzlich zu dem, was meine Familie frisch verzehrt hat, einen Tiefkühlschrank zu füllen. All das ist auf zwei kleinen Stückchen Land gewachsen, die zusammen etwa sieben Quadratmeter umfassen. Ich denke, ich hätte den Mindestbedarf von zwei, möglicherweise sogar vier Personen decken können, wenn ich es darauf angelegt hätte.

Zu den – in Mischkultur und Fruchtwechsel gewachsenen – Produkten gehörten Stangenbohnen, Zuckerschoten, Zwiebeln, Pastinaken, Himbeeren, Erdbeeren, Spinat, Brokkoli, Blumenkohl und Brombeeren. Karotten, Tomaten, Gurken, Paprika, Zucchini und Kräuter baue ich in Töpfen auf einem ein Quadratmeter großen Brett in meinem Gewächshaus an.

Ich pflanze dichter als auf den Samenpackungen empfohlen und ziehe die meisten Freilandpflanzen im Winter im beheizten Gewächshaus vor. Manche Pflanzen, beispielsweise Bohnen, benötigen sehr wenig Grundfläche, und ein Fruchtwechsel nutzt den Platz optimal. Zusätzlich essen wir Wild, beispielsweise Kaninchen, und wir könnten unseren Speisezettel auf verschiedene Weisen bereichern, wenn wir es nicht vorziehen würden, der Natur mehr Raum zu geben statt sie zu verzehren. Zwei Stunden pro Woche reichen gut für eine Fläche dieser Größe.

Aber würde das überall funktionieren? Der Boden in meinem Garten wurde seit Generationen kultiviert. Ich habe kürzlich in einem nicht kultivierten Bereich des Gartens ein neues Gemüsebeet angelegt, und die Ergebnisse waren jämmerlich. Und ich glaube auch nicht, dass ich genug ernten kann, um uns ohne Gewächshaus und Tiefkühlschrank außerhalb der Saison zu ernähren.

Tony Holkham
Glanpwllafon, Cardigan, UK

Unsere Familie ist zu dem Ergebnis gekommen, dass man eine vierköpfige Familie von einer acht Quadratmeter großen Fläche Land ernähren kann, wenn man ausschließlich Gemüse anbaut.

Man kann im hinteren Bereich Bohnen an Stangen ziehen und den Überschuss einfrieren. Außerdem kann man kriechende Pflanzen wie Kürbisse oder Gurken auf der Fläche anpflanzen, sie aber aus dem Bereich herausranken lassen. Mangold kann man ständig ernten, und Kartoffeln wachsen in einem Stapel alter Autoreifen. Tomaten und Rosenkohl wachsen in die Höhe, und überschüssige Tomaten kann man einfrieren oder in Flaschen konservieren.

Kräuter und auch Erdbeeren wachsen in Töpfen mit vielen Öffnungen. Karotten, Pastinaken, Steckrüben und Kohlrüben kann man zwischen den hohen Pflanzen anbauen. Man muss allerdings die Pflanzen ein wenig staffeln und alle Überschüsse einfrieren. Rettiche wachsen schnell, so dass sie immer wenig Raum benötigen, während Sellerie eine »schmale« Pflanze ist, deren Überschuss man einfrieren kann.

Man sollte darüber hinaus jedes Jahr alle Samen sammeln, um sie aufzubewahren oder – ebenso wie überschüssige Pflanzenerträge – gegen haltbare Nahrungsmittel zu tauschen.

Mein Garten ist ein wenig größer als acht Quadratmeter, und ich kann mich nicht mehr erinnern, dass ich Frischgemüse (oder Eier) für meine dreiköpfige Familie kaufen musste. Wir haben zusätzlich Hühner, die den Boden düngen und selbst in die Rechnung eingehen, weil sie Nahrung liefern (aber auch Platz beanspruchen).

Der entscheidende Punkt dieser Rechnung ist jedoch, Gemüse anzubauen, die gelagert oder konserviert werden können.

Sandra Craigie
Upper Hut, Neuseeland

Die Tatsache, dass Simon Iveson, von dem unser erster Beitrag stammt, seine Berechnung später revidiert hat, verdeutlicht die inhärenten Schwierigkeiten, den Nahrungsertrag des Bodens zu bestimmen:

Nachdem ich diese Frage beantwortet habe, sind mir zwei bedeutsame, zusätzliche Faktoren klar geworden.

Erstens: Der menschliche Körper kann die in der pflanzlichen Nahrung gespeicherte Energie nicht zu 100 Prozent umsetzen. Somit erhöht sich die Fläche, die für die Ernährung einer Person benötigt wird. Es ist anzunehmen, dass der genaue Prozentsatz der Umwandlung von dem jeweiligen Nahrungsmittel abhängt.

Zweitens: Wolken verringern die Menge der direkten Sonneneinstrahlung, die den Boden erreicht. Auch das erhöht den Landbedarf pro Person.

Allmählich erscheinen mir zwei Quadratmeter als unrealistisch.

Simon Iveson
Universitas Pembangunan Negeri
Yogyakarta, Indonesien

Zahn der Zeit

Warum wird Rotwein heller, wenn er älter wird, Weißwein hingegen dunkler?

Volker Stuck
Berlin, Deutschland

Die Farbentwicklung bei Weinen ist nur ein kleiner Teil eines komplizierten chemischen Prozesses. Wenn Rotweine älter werden, ändert sich ihre Farbe allmählich von Dunkelrot zu einem hellen Ziegelrot. Rotweine bleiben während der Fermentierung auf der Maische, also mit den Beerenschalen in Kontakt. Dabei werden blau/rot gefärbte, als Anthocyane bezeichnete Phenolkomponenten in den Wein ausgeschwemmt. Wenn der Wein altert, reagieren kleine Mengen Sauerstoff mit den Anthocyanen und anderen, meist farblosen Phenolkomponenten, so dass sie polymerisieren und pigmentierte Tannine bilden. Im Lauf der Zeit produzieren sie die ziegelrote Farbe. Häufig wachsen die Tanninkomplexe, wenn sie mit anderen Weinbestandteilen, etwa Proteinen, reagieren. Manche werden dabei zu groß, um gelöst zu bleiben, werden ausgefällt und bilden den Bodensatz, den man in alten Weinen finden kann.

Weißweine werden mit einem grünlichen Ton in die Flaschen gefüllt (in Portugal nennt man junge Weine Vinho Verde) und haben später eine bräunlichere Farbe. Sie fermentieren nicht auf den Schalen und haben deshalb erheblich weniger Phenole und somit Tannine. Zudem enthalten weiße Trauben keine Anthocyane – sonst wären sie nicht weiß. Deshalb sind die wenigen im Weißwein enthaltenen Tannine nicht pigmentiert. Man nimmt an, dass Weißweine aufgrund der langsamen Oxidation jener wenigen vorhandenen Phenole mit zunehmendem Alter brauner werden. Ein ähnlicher Prozess lässt sich bei der Farbveränderung eines angebissenen Apfels beobachten.

Ein interessanter Nebeneffekt ist, dass man auch aus blauen Trauben Weißwein herstellen kann, wenn man die Schalen vom Most trennt, denn nur darin befinden sich die Anthocyane. Der in den USA beliebte weiße Zinfandel ist ein Beispiel dafür.

Oliver Simpson
London, England

In der Antwort oben heißt es »in Portugal nennt man junge Weine Vinho Verde«. Das stimmt so nicht. Vinho Verde ist ein aus bestimmten Trauben hergestellter Wein aus einer bestimmten portugiesischen Region, und es gibt weißen wie roten Vinho Verde.

Auch wenn Vinho Verde (mit Ausnahme der Alvarinhos) tatsächlich jung getrunken werden sollte, steht die Bezeichnung nicht für einen jungen Wein.

Antonio Brito
Portugal

Wahrnehmungsfrage

Warum verleiht Knoblauch unserem Atem einen Geruch, wie ihn, sagen wir, Salat oder Kartoffeln nicht bewirken?

Chris Goulding
Pickering, North Yorkshire, UK

Knoblauch entwickelt eine stark antifungale und antibakterielle Komponente, wenn die Zehe aufgeschnitten oder zerstoßen wird. Sie wird als Allicin bezeichnet und entsteht durch die Reaktion des Enzyms Alliinase mit dem Bestandteil Alliin. Allicin ist auch die Ursache für das Brennen, das man verspürt, wenn man Knoblauch roh isst.

Allicin ist jedoch nicht stabil, sondern wandelt sich um in mehrere stark riechende, schwefelhaltige Komponenten, die für den stechenden Geruch verantwortlich sind. Nach der Nahrungsaufnahme gelangen das Allicin und seine Zersetzungsprodukte über den Verdauungsapparat in den Blutkreislauf, so dass sie wieder über den Atem oder Schweiß freigesetzt werden können. Dies ist die eine Auswirkung von Knoblauch.

Zusätzlich verändern die chemischen Bestandteile des Knoblauchs den Stoffwechsel des Körpers und senken die Fettsäuren und das Cholesterol im Blut. Dabei entstehen Allylmethylsulfid, Dimethylsulfid und Aceton. Die sind flüchtig und können über die Lunge ausgeschieden werden – was den typischen Knoblauchgeruch am Morgen nach der Mahlzeit bewirkt. Um einen Knoblauchatem zu haben, muss man den

Knoblauch nicht unbedingt essen, denn Allicin kann auch über die Haut aufgenommen werden. Es reicht gegebenenfalls schon aus, den Körper mit Knoblauch einzureiben, um den Atemgeruch zu bekommen, da die Freisetzung wiederum über die Lunge erfolgt.

Das Einzige, was wirklich gegen Knoblauchatem hilft, ist, dass wir alle welchen essen.

Peter Scott
School of Life Sciences
University of Sussex, UK

Knoblauch verdankt seine stechenden, Mundgeruch bewirkenden Eigenschaften einer Reihe von schwefelhaltigen Komponenten, die entstehen, wenn die Zehen zerschnitten werden. Sie sind mehr oder weniger flüchtig und haben verschiedene gesundheitsfördernde Wirkungen. Schwefel ist für einige der am stärksten stinkenden Substanzen, die wir kennen, verantwortlich, von dem bei den Vulkanologen so beliebten Schwefelduft und dem Schwefelwasserstoff-Gestank fauler Eier bis hin zu den Ausscheidungen des Stinktiers.

Geoffrey Chaucer porträtierte die Alchimisten des 14. Jahrhunderts auf seine unnachahmliche Weise:

»An diesen Leuten nimmt man immerdar,
Wohin sie geh'n, Gestank von Schwefel wahr.
Sie stinken ringsumher wie eine Gais …«*

Paul Board
Conwy, Gwynedd, UK

* Geoffrey Chaucers Werke, Bd. 3, S. 206–232, Straßburg 1886

Käsereinigung

Auf den Gouda- und Edamerstücken, die ich unter einer Käseglocke aufbewahre, gab es immer das Problem der Schimmelbildung. Kürzlich hat meine Frau gesagt, ich solle einen Zuckerwürfel mit unter die Glocke legen, und seither gibt es keinen Schimmel mehr. Der Zucker wird feucht und löst sich langsam auf, aber sonst passiert anscheinend nichts damit. Meine Frau hat den Tipp von ihrer Mutter, es muss sich also um ein altes und möglicherweise weit verbreitetes Hausmittel handeln. Warum und wie funktioniert es?

Georg Thommesen
Lier, Norwegen

Dieses Hausmittel ist auch in Norddeutschland üblich, und die Erklärung, die man dafür hat, ist recht simpel. Der Zuckerwürfel nimmt die Luftfeuchtigkeit auf, die unter der Käseglocke gefangen ist, und löst sich dabei langsam auf. Die relativ trockene Luft verschlechtert die Bedingungen für die Bildung von Schimmel auf dem Käse.

David Fleet
Süderstapel, Deutschland

Der Zuckerwürfel absorbiert Wasser und verringert damit die relative Luftfeuchtigkeit, so dass kein Schimmel mehr auf der Käseoberfläche wachsen kann. Genauso gut würden sich Salz und gesättigte Zucker- oder Salzlösungen eignen – gesättigte Lösungen sind jene, die noch etwas Salz oder Zucker in ungelöster Form enthalten.

Diese bilden auch die Grundlage für die Kontrolle der Luftfeuchtigkeit in Museumsvitrinen. Ist die Feuchtigkeit zu hoch, entsteht unerwünschter Schimmel, ist sie jedoch zu niedrig, können Leder oder Holz brechen. Gesättigte Lösungen verschiedener Salze können die relative Luftfeuchtigkeit auf jeden beliebigen Wert zwischen 10 und 90 Prozent justieren.

Eine gesättigte Lösung von Lithiumchlorid bewirkt beispielsweise eine relative Luftfeuchtigkeit von 11 Prozent, während Speisesalz für rund 70 Prozent sorgt.

John Hobson
Devizes, Wiltshire, UK

Aufgrund seiner hygroskopischen Eigenschaften – der Fähigkeit, Flüssigkeit zu binden – entzieht Zucker der Luft Feuchtigkeit. Deshalb verklumpt Zucker in feuchter Umgebung, und im Gegenzug wird das Wachstum von Schimmel oder Bakterien gehemmt.

Der Mechanismus ähnelt dem, der Honig vor Mikrobenbefall schützt. Honig ist so wirksam, dass man ihn früher auf Wunden strich, um Infektionen zu verhindern. Dank seiner hohen Zuckerkonzentration unterdrückt Honig das Wachstum von Schimmel und Bakterien. Indem er seinem Umfeld Feuchtigkeit entzieht, trocknet der Zucker die Zellen und Sporen der Bakterien und Pilze im Honig aus. Um sich zu reproduzieren, benötigen Zellen Energie, also absorbieren sie Nahrung, die ihre Zellmembranen berührt oder die ihre abgesonderten Enzyme freigesetzt haben. Zucker im Honig entzieht der Zelle jedoch Wasser, so dass sie entweder abstirbt oder in der Sporenphase verbleibt, um die Reproduktion aufzuschieben, bis sie auf bessere Umfeldbedingungen trifft. Just das ist die Aufgabe der Spore. Also verharrt sie abwartend und hört auf, im Honig aktiv zu sein.

Bill Jackson
Toronto, Ontario, Kanada

Schimmelformgebung

Ich habe kürzlich in meinem Obstkorb eine Birne entdeckt, die schimmelig wurde. Am ersten Abend hatte der Schimmel exakt die Form eines Bullauges. Sechzig Stunden danach waren weitere (nicht geschlossene) Schimmelringe gewachsen. Noch einmal 48 Stunden später waren noch mehr nicht geschlossene Ringe entstanden, die alle in etwa konzentrisch waren und bei denen sich die Lücke immer an derselben Stelle befand. Zu diesem Zeitpunkt war die Birne ziemlich verfault, so dass ich sie weggeworfen habe. Was führt dazu, dass der Schimmel ringförmig wächst? Ich habe das auch bei anderen Früchten beobachtet.

Bob Ladd
Edinburgh, UK

Die Birne war von der Moniliafäule befallen, die durch den pathogenen Pilz *Monilinia fructigena* hervorgerufen wird. Das ist eine bei Äpfeln, Birnen und Steinobst häufige und weit verbreitete Krankheit, die durch Sporen über die Luft übertragen wird. Die Sporen entwickeln sich dort, wo die Frucht verletzt ist und der Pilz leicht in das ungeschützte, nährstoffreiche Fruchtfleisch im Inneren vordringen kann.

Die Pilzfäden oder Hyphen wachsen und verzweigen sich im Gewebe und lassen das Fleisch verderben. Zunächst kann man die Krankheit mit bloßem Auge nicht erkennen, doch wenn sie sich ausbreitet, reagiert die Birne mit der typischen braunen Verfärbung.

Im Verlauf seines Wachstums produziert der Pilz bei Tageslicht weitere Sporen auf speziellen Hyphen, die wiederum aus der Schale herauswachsen und graubraune Pusteln bilden.

Mit jeder Tageslichtperiode entstehen daher Mengen neuer Sporen, und der Pilz wächst weiter, während das Fleisch von Tag zu Tag größere Ringe ausbildet, jener typischen Erscheinung, die der Fragesteller beobachtet hat.

Eine ähnliche Situation findet sich bei den »Hexenringen« aus dichtem, saftigem Gras und Pilzfruchtkörpern, die auf Wiesen zu finden sind. Auch hier handelt es sich um den sichtbaren Teil eines mikroskopisch kleinen Pilzes, der unter der Oberfläche wächst. Doch in diesem Fall zersetzt der Pilz im Boden organisches Material, so dass Nährstoffe freigesetzt werden, die das verstärkte Wachstum fördern und die nötige Energie für jene Sporenstruktur liefern, die die Pilzhexenringe bilden.

Peter Jeffries
Faculty of Science, Technology and Medical Studies, University of Kent, Canterbury, UK

Zapfkraft

Unter den australischen Biertrinkern ist man sich einig, dass ein Glas kaltes Fassbier seine Schaumkrone länger behält, wenn man das Bier in zwei oder drei Etappen zapft und nicht mit einem einzigen, gleichmäßigen Zug. Was bewirkt diesen Effekt und gilt er auch für Bier, das mit Kellertemperatur serviert wird?

Justin Swain
Gladesville, New South Wales, Australien

Wenn man das Bier in einem Zug zapft, wächst der Schaum unter gleichförmigen Bedingungen und bildet relativ wenige Bläschen, die meist groß sind. Große Blasen platzen schnell, also ist die Blume nicht von Dauer. Unterbricht man das Einschenken, können die ersten Blasen größer und flexibler werden, ehe die Turbulenzen des nächsten Zugs manche von ihnen in eine größere Zahl kleinerer Bläschen zerschlagen. Außerdem bleibt dann mehr Zeit, in der das Kohlendioxid im eingeschenkten Bier, das sich auf die großen Blasen konzentriert, absinken kann, so dass die Bläschen nicht mehr so schnell wachsen. Die zusätzlichen Züge beim Zapfen bewirken kleinere Bläschen und eine größere Zahl von ihnen. Das hat einen glatteren, feineren und festeren Schaum zur Folge. Und weil kleinere Blasen nicht so leicht zerplatzen wie große, hält die Blume auch länger.

Qualitativ verhält sich wärmeres Bier fast genauso, aber es schäumt so heftig und kurz, dass der Effekt kaum deutlich wird. In warmem Bier sind die Blasen sowieso größer und instabiler, daher lohnt sich der Aufwand mehrerer Zapfzüge kaum.

Billy Gill
Teddington, Middlesex, UK

Küchenkatastrophe

Als ich auf dem Herd Rotwein und Olivenöl in einer flachen Bratpfanne reduzierte, explodierte die Mischung mit einem hörbaren Knall, und der Wein – aber nicht das Öl – wurde bis zu zwei Meter weit durch die Küche geschleudert. Bemerkenswerterweise war der Wein nicht heiß genug, um mich zu verbrühen. Ich hatte die Pfanne mindestens eine Minute lang nicht umgerührt, und Wein und Öl hatten sich getrennt. Was ist da passiert?

Alan Gammons
Bradford, West Yorkshire, UK

Es gibt mehrere Vorschläge, wie der Vorfall zu erklären ist. Wenn einige Leser den Wunsch verspüren, selbst herauszufinden, welches Szenario korrekt ist, sollten sie bitte unbedingt die entsprechende Vorsicht walten lassen. – Red.

Ich weiß nicht, ob Köche einen eigenen Fachbegriff für dieses Phänomen haben, doch Chemiker nennen es »Siedeverzug«. Der tritt auf, wenn eine Flüssigkeit über ihren Siedepunkt hinaus erhitzt wird, aber nicht zu sieden beginnt, weil Kernbildungsstellen fehlen – Kratzer, scharfe Kanten, oder feste Partikel, an denen sich leicht Blasen bilden können.

In einer Sektflöte kann man die Kernbildungsstellen gut erkennen: Es sind die Punkte im Glas, an denen ständig Bläschen entstehen, die nach oben strömen. Üblicherweise befindet sich hier ein winziger Kratzer oder ein Staubkorn – in einer besonders sauberen Sektflöte, die keine oder nur wenige Kernbildungsstellen enthält, bleibt Ihr Sekt wesentlich länger prickelnd.

Gibt es in einer Bratpfanne keine geeigneten Kernbildungsstellen, kann die Temperatur gut über den normalen Siedepunkt der Flüssigkeit ansteigen, bis sie so hoch ist, dass sich auch ohne Kernbildungsstelle Blasen entwickeln können. Sobald sich dann die erste Blase formt, fungiert sie als Kernbildungsstelle für die sie umgebende Flüssigkeit. Befindet sich eine solche überhitzte Flüssigkeit plötzlich neben einer Kernbildungsstelle, siedet sie explosionsartig. Das geschieht häufig im Chemielabor, weil die verwendeten Glasgefäße so rein und makellos sind, dass sie meist überhaupt keine Kernbildungsstellen aufweisen.

Um Siedeverzug zu vermeiden, kann ein Chemiker die Innenwand seines Gefäßes anrauen oder der Flüssigkeit reaktionsträge »Siedesteinchen« hinzufügen. In anderen Fällen bleibt der Siedeverzug ein unvermeidliches Übel, und man fängt die auftretenden Spritzer mit Hilfe eines schützenden Glasschirms ab.

Kernbildung ist ein wichtiger Faktor in vielen Disziplinen. In der Meteorologie etwa bedeutet das Impfen von Wolken die Einbringung von Kernbildungsstellen, an denen Wasserdampf kondensieren kann. Und in der Metallurgie beeinflussen Kernbildungsstellen wesentlich die Stärke und andere Eigenschaften eines Metalls oder einer Legierung.

Im oben angeführten Fall trat der Siedeverzug meiner Meinung nach bei dem Wein auf. Es kann sein, dass der Pfannenboden mit Öl benetzt war, das eine absolut glatte Oberfläche ohne Kernbildungsstellen bewirkte, oder die Pfanne war einfach von vornherein sauber und glatt. Als er die Pfanne verließ, war der Wein wahrscheinlich schon heiß genug, um zu verbrühen, aber winzige Tröpfchen, die durch die Luft fliegen, kühlen sich rasch ab. Um in der Küche Siedeverzug zu vermeiden, sollten Sie einige Kernbildungsstellen schaffen, etwa indem Sie einen Rosmarinzweig in das Wein-Öl-Gemisch legen, ehe Sie es erhitzen.

Ben Haller
Menlo Park, Kalifornien, USA

Da die Mischung nicht umgerührt wurde, hat sie sich getrennt, wobei das Öl nach oben stieg und der Wein nach unten und somit näher an die Hitzequelle gelangte. Der Alkohol im Wein verkocht lange bevor das Wasser darin seinen Siedepunkt erreicht und entweicht allmählich in Blasen durch die Ölschicht. Da er schwerer als Luft ist, legt sich der gasförmige Alkohol, gefangen vom Pfannenrand, auf das Öl und vermischt sich mit der Umgebungsluft zu einem explosiven Gemenge. Nach einer Weile quillt ein Teil dieser Mischung über den Pfannenrand nach unten, kommt in Kontakt mit der Hitzequelle, entzündet sich und das gesamte Gasgemisch über dem Öl. Von der daraus resultierenden Explosion gehen Schockwellen in alle Richtungen und verursachen den hörbaren Knall. Die nach unten laufende Schockwelle trifft auf die dickflüssige Ölschicht, zwingt sie gleichfalls nach unten, so dass sie auf den Wein drückt, der nur an den Pfannenseiten hinauf und von dort in die gesamte Küche ausweichen kann.

David Levien
Cambridge, UK

Anscheinend wurde der Rotwein überhitzt und verdampfte explosionsartig. Flüssigkeiten beginnen zu sieden, wenn ihr Dampfdruck dem Umgebungsdruck entspricht – in diesem Fall betrug der 1 Atmosphäre über der offenen Pfanne. Normalerweise wird die Hitze relativ gleichmäßig abgegeben, aber Zwei-Phasen-Flüssigkeiten wie diese Emulsion aus Öl und Wein haben einen niedrigeren Siedepunkt als die Komponenten für sich genommen. Jede Phase schafft ihren eigenen Dampfdruck, und die Mischung siedet, wenn der kombinierte Druck den Umgebungsdruck erreicht hat. Wenn sich die Mischung aber trennen kann, ehe sie heiß wird, wie das hier geschehen ist, kann die Temperatur der unteren Phase – des Rotweins – jene des Siedepunkts des Zwei-Phasen-Gemischs übertreffen, ehe der Rotwein auch nur zu sieden begonnen hat. Siedet der Wein dann, bewirkt er eine erneute Vermischung, was ein rasches Absinken des Siedepunkts und ein schnelles oder schlagartiges Aufwallen zur Folge hat.

Der Wein wurde statt des Öls herausgeschleudert, weil nahezu der gesamte Dampf von ihm stammte. Er war wahrscheinlich auch heißer als das Öl, doch glücklicherweise traf er Ihre Haut bei niedriger Temperatur, weil ihn die Kraft seiner Dampfausdehnung wohl zum sich rasch abkühlenden Aerosol machte.

Paul Gladwell
Northwich, Cheshire, UK

2 Wissenschaft im Haushalt

Was ist im Karton?

Wenn ich einen Getränkekarton, etwa mit Milch oder Orangensaft, geleert habe, schraube ich den Verschluss wieder darauf und stelle ihn zum Wegwerfen beiseite. Komme ich dann wieder zu dem Karton, scheint er grundsätzlich unter einem gewissen Druck zu stehen, denn die Seiten sind fest und nach außen gewölbt. Warum geschieht das? Mit Kartons, in denen sich kohlensäurehaltige Getränke befanden, passiert das anscheinend nicht.

Cheryl Altschuler
Jersey City, New Jersey, USA

Für dieses Phänomen gibt es zwei mögliche Erklärungen. Wir drucken sie beide ab und dazu noch ein weiteres Phänomen, das eine andere Leserin beigesteuert hat. – Red.

Wenn Sie einen Milch- oder Orangensaftkarton leeren und den Verschluss wieder daraufschrauben, ist die meiste Luft darin noch kalt, weil der Karton im Kühlschrank stand. Wenn die Luft nun Zimmertemperatur annimmt, dehnt sie sich aus und der Behälter schwillt an. Lassen Sie den leeren Karton offen, bis er Zimmertemperatur erreicht hat, und schrauben Sie den Verschluss erst dann wieder darauf, werden Sie feststellen, dass der Behälter nicht anschwillt.

Den umgekehrten Effekt können Sie erzielen, wenn Sie den leeren Milchkarton mit heißem Wasser ausspülen und sofort den Verschluss zuschrauben. Nun sinken die Wände ein, sobald sich die Luft im Innern des Behälters abkühlt.

Die Behälter für kohlensäurehaltige Getränke sind hingegen auf einen Inhalt ausgerichtet, der unter Druck steht. Wenn Sie schon einmal von einem sprudelnden Getränk nassgespritzt worden sind, können Sie ermessen, wie hoch der Druck ist, den sie aushalten können. Wenn sich die kalte Luft in einem derartigen leeren Karton auf Zimmertemperatur erwärmt, liegt der Druck, der auf die stärkeren Wände ausgeübt wird, um einiges unter dem, für den sie konstruiert wurden, so dass sie nicht sichtbar anschwellen.

Mark Edwards
Chapel Hill, Queensland, Australien

Fruchtsaft- und Milchkartons schwellen aufgrund einer Zunahme der Gärungsgase verschiedener Mikroorganismen an. Diese gedeihen in der nährstoffreichen Suppe, die im Behälter zurückbleibt. Haltbare Getränke werden bei der Herstellung meist pasteurisiert, indem man sie erhitzt, um das Gros der schädlichen Organismen abzutöten. Sobald man jedoch den Karton öffnet, verunreinigen Bakterien, Hefen und Mikrobensporen den Inhalt.

Stellt man die Packung in den Kühlschrank, bleibt das Wachstum dieser Organismen langsam. Doch sobald man einen leeren Karton bei Zimmertemperatur stehen lässt, vermehren sich die Organismen rasch auf dem Film des Saft- oder Milchrests darin. Und sie produzieren dann genug Kohlendioxid, um einen wahrnehmbaren Überdruck zu erzeugen, insbesondere bei warmem Wetter.

In kohlensäurehaltigen Getränken ist eine Gärung viel weniger wahrscheinlich, weil häufig mikrobiotische Hemmstoffe wie Natriumbenzoat oder Kaliumsorbat hinzugefügt worden sind. Außerdem ist die Nährstoffmenge meist gering, insbesondere bei zuckerfreien Getränken, denn diese Produkte enthalten wenig oder keinen echten Fruchtsaft.

Die Organismen, die man in Saftkartons finden kann, sind typische Hefearten wie *Saccharomyces* oder *Candida*, die im säurehaltigeren Umfeld von Fruchtsäften gedeihen.

Milch ist für die meisten Mikroorganismen ein großartiges Nahrungsmittel, und viele Arten von Bakterien können sich darin bestens ausbreiten. Selbst wenn keine Verunreinigungen von außen in die Milch eingebracht wurden, kann eine Gärung einsetzen, weil sich Bazillen vermehren, deren Sporen gegenüber der Temperatur resistent sind, mit der Milch pasteurisiert wird.

Julia Aked
Bedford, UK

Sie können ein ähnliches Vergnügen beim Frühstück haben, wenn Sie eine Flasche kalter Milch – jener Typ mit Stanniolkappe, wie er in Großbritannien an die Haustür geliefert wird – aus dem Kühlschrank holen, etwas Milch über ihr Müsli gießen und die Flasche wieder verschließen. Kurze Zeit später, wenn sich die Luft in der Flasche ausdehnt, weil sie sich erwärmt, schießt die Stanniolkappe mit einem ziemlich beeindruckenden Plopp in die Luft.

Wahrscheinlich erklärt dieses Phänomen auch Folgendes: Wenn ich die Milch für mein Baby aus dem Kühlschrank nehme, sie aufwärme und die Temperatur bei umgekehrter Flasche am Handgelenk prüfe, spritzt die Milch nur dann nicht durch die ganze Küche, wenn ich den Verschluss zuvor kurz aufgeschraubt habe, um den Druck herauszulassen.

Claire Webster
Winchester, Hampshire, UK

Dauerhafte Streifen

Wie bringen Zahnpastahersteller die Streifen in die Creme? Und wieso erscheinen sie, bis die Tube aufgebraucht ist?

Miles Ellingham
London, UK

Das ist eine dieser simplen Erfindungen, die den Absatz von Zahnpasta seit Jahrzehnten fördern. Wir müssen uns über 50 Jahre zurückbegeben, um auf das US-Patent 2 789 731 beziehungsweise das UK-Patent 813 514 zu stoßen, die beide auf den Namen Leonard Lawrence Marraffino ausgestellt sind. Er verkaufte seine Erfindung der gestreiften Zahnpasta an Unilever, die Firma stellte die erste kommerzielle Version her und vermarktete sie in Europa unter dem Namen Signal. Wenn man die Tube drückte, erschienen rote Streifen auf der weißen Zahnpasta.

Hinter der Tülle befand sich ein Röhrchen, das ein Stück weit in die Tube reichte und durch das die weiße Paste wanderte. Um das Röhrchen lag der trichterförmige Hals der Tube, und direkt hinter der Tülle hatte es kleine Löcher, die aus dem Trichter führten. Beim Befüllen der Tube wurde zunächst die rote Paste außen um das Röhrchen bis kurz vor seinem Ende in den trichterförmigen Hals gespritzt, dann wurde die weiße Paste hinzugefügt und der Tubenboden geschlossen.

Wenn man die Tube drückte, kam die weiße Paste durch das Röhrchen heraus, doch der Druck erreichte auch die rote Masse und zwängte sie durch die kleinen Löcher, so dass sie die roten Streifen bildeten. Wenn keine Streifen mehr kamen, genügte es gelegentlich, die Tube kurz in heißes Wasser zu legen, damit sie wieder erschienen.

Das US-Patent 4 969 767, das Colgate-Palmolive 1990 erteilt wurde, betrifft ein Verfahren, Streifen in zwei verschiedenen Farben hinzuzufügen. Dabei umgibt das innere Röhrchen ein größeres, aber kürzeres Röhrchen, in dem die Paste in der zweiten Streifenfarbe Platz findet. Auch sie wird durch kleine Löcher auf die weiße Paste gedrückt.

Tom Jackson
Silloth, Cumbria, UK

Eine andere Methode, gestreifte Zahnpasta zu bekommen, ist, Stränge verschiedenfarbiger Pasten nebeneinander in einen vertikalen Spender zu tun. Das Muster bleibt ziemlich gut erhalten, obwohl sich der Durchmesser verringert, wenn die Pasten gedrückt und durch die Öffnung an der Spitze der Tube gepresst werden. Allerdings vermischen sich die Streifen allmählich aufgrund des Drückens, es sei denn, man verwendet einen Spender mit Pumpe.

Neil Rashbrook
Stevenage, Hertfordshire, UK

Wir danken Blair Scott aus Falkirk, UK, der im Internet eine interaktive Darstellung des zuletzt genannten Befüllungsvorgangs von Pump-Spendern entdeckt hat: http://aquafresh.co.uk/kids/activities/milk-teeth-activities/how-do-we-get-the-stripes-into-aquafresh.aspx. Die im ersten Beitrag angeführten Patente findet man samt Zeichnungen beispielsweise unter www.google.com/patents. – Red.

Geldbeutel

Einige Tankstellen haben eine raffinierte und effektive Lösung parat, wenn die Debitkarte von meiner Bank beim Durchziehen nicht erkannt wird. Sie wickeln die Karte in einen dünnen, klaren Plastikbeutel und ziehen sie erneut durch – und dann ist sie lesbar. Wieso?

Matt Huddlestone
Exeter, Devon, UK

Im Kartenlesegerät befindet sich eine kleine Induktionsspule, die die Abfolge der magnetischen und nichtmagnetischen Bereiche auf dem Magnetstreifen der Karte erfasst. Wenn man die Karte durch den Leseschlitz zieht, gibt jeder magnetisierte Bereich einen kleinen elektrischen Impuls ab, wenn er die Spule passiert. Die Bereiche sind so kodiert, dass sie die – neben der PIN des Kartenbesitzers, die in vielen Ländern hinzukommt – für die Transaktion nötigen Daten enthalten.

Der Magnetstreifen besteht aus magnetisierten Partikeln, die in einen Kunststoffträger samt Gleitmittel eingebettet sind. Er kann auf vielerlei Weise beschädigt werden, darunter auch durch ein großes Magnetfeld außerhalb, sei das ein Dauermagnet oder ein wechselndes Feld von hoher Stärke. Auch ein allmähliches »Verwischen« kann Schaden verursachen: Dabei werden einzelne Magnetpartikel mechanisch vom einen Teil des Streifens zum anderen transportiert. Auf diese Weise gelangen magnetisierte Partikel in Streifenbereiche, in denen sich zuvor keine befanden, und verändern die Daten. Das ist der bei weitem häufigste Grund für die Nichtlesbarkeit, und auch bei Ihrer Karte handelt es sich wahrscheinlich um ein zunehmendes »Verwischen«.

Die »kontaminierten« Bereiche weisen dabei immer noch ein weniger starkes Magnetfeld auf als die ordnungsgemäß magnetisierten. Die Stärke eines Magnetfelds nimmt mit dem Quadrat der Entfernung ab. Wird Ihre Karte normalerweise mit einem Abstand von 0,01 mm am Lesekopf vorbeigezogen, sinkt die Signalstärke für den Leser auf ein Viertel, wenn Sie den Abstand verdoppeln. Allein die kleine Abstandsvergrößerung, etwa durch einen Plastikbeutel, wie es der Fragesteller beobachtet hat, reicht aus, um das schwache Signal des kontaminierten Bereichs – der leer sein sollte – so zu reduzieren, dass das Gerät dies als eine Null wahrnimmt. Und das bedeutet, dass die Karte wieder richtig funktioniert. Diesen zusätzlichen Abstand kann man mit jedem nichtmagnetischen »Puffer« – etwa Plastikfolie oder Klebeband – schaffen.

Zudem variiert die Sensibilität der Lesegeräte. Manche können die Karte richtig lesen, bei anderen benötigt man den Plastikbeutel oder das Klebeband. Nach dem ersten Ausfall nimmt der Schädigungsprozess zu, und die Karte ist schließlich nicht mehr einsetzbar. Deshalb sollten Sie sich nach dem ersten Auftreten um eine neue Karte kümmern.

Bill Jackson
Toronto, Ontario, Kanada

Winterkälte

Wenn wir unseren Kühlschrank auf eine Stufe schalten, die den Inhalt im Sommer auf der gewünschten Temperatur hält, gefriert im Winter auf dieser Stufe Flüssigkeit über Nacht. Diese Erfahrung haben wir mit allen unseren Kühlschränken gemacht. Warum reagiert der Thermostat nicht allein auf die Innentemperatur des Kühlschranks? Tritt etwas Ähnliches bei Elektroherden auf?

Agnes und Puka Henry
Darwin, Northern Territory, Australien

Haushaltsgeräte, die per Thermostat gesteuert werden, schalten sich nicht immer bei genau derselben Temperatur an und aus, sondern haben einen gewissen Toleranzbereich. Insbesondere bei modernen Kühlschränken scheint eine schlechte Isolierung von vornherein einkalkuliert zu werden. Wären ihre Thermostate zu genau, müssten sie sich minütlich an- und abschalten, was der Lebensdauer des Thermostats wie der Kühleinheit selbst abträglich wäre. Die Durchschnittstemperatur eines normalen Kühlschranks liegt bei rund 4° C, doch während der Kühlphase kann sie auch unter 0° C fallen und danach auf bis 6° C ansteigen.

Bei einer hohen Umgebungstemperatur wärmt sich der Kühlschrank bald wieder auf, so dass der Thermostat erneut anspringt. Aber bei kaltem Wetter kann die Phase mit der niedrigen Temperatur lange genug anhalten, dass der Kühlschrankinhalt gefriert. Wenn Ihnen das lästig ist, können Sie den Thermostat ein wenig höher einstellen, aber dann sollten Sie nicht vergessen, ihn wieder herunterzuregeln, wenn es draußen wärmer wird.

In den meisten Gegenden liegt die Innentemperatur des Kühlschranks nur um höchstens 20° C unter der der Umgebung, so dass solche jahreszeitlichen Schwankungen ziemlich deutlich zu merken sind. Obwohl für Herdthermostate ähnliche Kriterien zutreffen, sind die Herdtemperaturen gewöhnlich so viel höher als die der Umgebung, dass jahreszeitliche Temperaturschwankungen kaum Auswirkungen auf ihre Funktion haben.

Jon Richfield
Somerset West, Südafrika

Die Probleme mit Ihrem Kühlschrank wurzeln möglicherweise in der Philosophie minimalistischen Designs. In einer perfekten Welt hätte Ihr Kühlschrank eine sehr gute Isolierung und eine Wärmepumpe, die groß genug wäre, um allen Anforderungen zu genügen. Er hätte außerdem eine Kühlspule für den Gefrierteil und eine weitere für den Kühlbereich, in dem die Temperatur über 0° C liegt. All das kostet Geld, daher ist bei vielen billigeren Kühlschränken die Isolierung dünner als sie sein sollte und der Kompressor der Wärmepumpe kleiner.

Manche Kühlschränke nutzen eine gemeinsame Kühlspule für Gefrier- und Kühlteil und leiten einfach etwas Luft vom Tiefkühlfach zum Vorratsbereich. Der Thermostat befindet sich im Gefrierfach, und der Benutzer dreht das Regulierungsrad eines Lüftungsschlitzes, um die Menge kalter Luft zu bestimmen, die in den Vorratsbereich gelangen soll.

Erwartungsgemäß bewirkt bei solchen Modellen die unterschiedliche Menge an Wärme, die im Winter und Sommer durch die Wände dringt, dass der Inhalt des Kühlteils im Winter gefrieren und im Sommer zu warm sein kann. Eine Lösung ist, die Einstellung abhängig von der Temperatur zu ändern. Und wenn Sie einen neuen Kühlschrank benötigen, sollten Sie die Rentabilität eines effizienteren Kühlschranks in Rechnung stellen.

Die meisten teureren Kühlschränke haben eine dickere Isolierung und gesonderte Kühlspulen für jeden Bereich. Und manche der effizientesten Modelle haben eigene Kompressoren für die verschiedenen Teile. Wenn Ihr Kühlschrank älter als 15 Jahre ist, sparen Sie sogar Geld, wenn Sie ihn entsorgen und einen mit zwei Kompressoren und 10-cm-Isolierung statt der üblichen 5 cm kaufen. Diese Kühlschränke halten 20 Jahre und sparen Ihnen rund 13 US-$ pro Monat, in ihrer Laufzeit also 3120 US-$. Ich muss immer lachen, wenn ich sehe, dass Leute zum Bierkühlen einen uralten Kühlschrank im Keller haben, der 1000 Watt verbraucht und monatlich rund 35 $ kostet. Dafür kann man eine ganze Menge Bier kaufen.

Bill Jackson
Toronto, Ontario, Kanada

Glasabschnitte

Ich habe kürzlich einige Kristallgläser aus dem Schrank genommen. Bei zweien blieb 1 cm ihres Randes auf dem Brett zurück. Die Gläser sind über 30 Jahre alt und standen umgedreht. Die Glasringe selbst sind nicht gleich breit, und es scheint, als hätte es einen Ausgangspunkt für den »Schnitt« gegeben. Was hat dies verursacht?

Linda Sulakatku
Camp Hill, Queensland, Australien

Wahrscheinlich hat keine Frage mehr Entsetzen beim *New Scientist* ausgelöst als diese. Zunächst sind wir einem weit verbreiteten modernen Mythos aufgesessen, als wir uns davon überzeugen ließen, Glas könne wie ein Gel fließen. Nachdem wir eine ganze Reihe verschiedener Theorien als Antwort veröffentlicht hatten, wurden wir von John Parker von der Sheffield University eines Besseren belehrt. Als Dokument unserer Schande und Beweis dafür, dass es Aufgabe der Wissenschaft ist, alles immer und immer zu hinterfragen, ist hier auch die Antwort abgedruckt, die sich als irrig herausgestellt hat. – Red.

Glas sieht aus und verhält sich wie ein Feststoff, aber es ist in Wahrheit ein Gel – das sehr langsam fließt. Die Struktur von Bleiglas oder Kristall bewirkt, dass es schneller fließt als andere Glasarten. Vielleicht haben Sie das schon bei den Fenstern sehr alter Gebäude gesehen: Dort ist das Glas unten deutlich dicker als oben. Bleiglas, aus dem die fraglichen Kristallgläser hergestellt wurden, wird im Lauf der Zeit zudem spröder.

Basis und Stiel sind ziemlich dick, um Trinkgläsern, auch wenn sie gefüllt sind, die nötige Standfestigkeit zu verleihen. Die Seiten sind hingegen elegant dünn. Werden solche Gläser mit dem Rand nach unten aufbewahrt, fließt das Glas langsam in Richtung der Ränder und verdickt sie geringfügig, während der Rest der Gläser einen Hauch dünner und alle Bereiche spröder werden. Solange die Gläser umgedreht standen, wirkte Druck auf ihre Ränder – mit seinem schweren Gewicht verdichtete der Stiel alles Glas unter sich. Als die Fragestellerin nun die Gläser anhob, wurde daraus eine Spannungskraft. Nach der langen Aufbewahrungszeit waren die Seiten zu dünn und spröde geworden, um das Gewicht des Randes zu tragen, und das Glas zerbrach.

Geringe Unregelmäßigkeiten der ursprünglichen Glasstärke führten dazu, dass der Sprung nicht gleichmäßig verläuft. Bleiglas weist Unreinheiten auf, und eine von diesen bildete wahrscheinlich den Schwachpunkt, von dem sich der Bruch ausbreitete.

Es ist sicher nur ein geringer Trost, aber wären die Gläser nicht beim Herausnehmen zerbrochen, wäre das beim Eingießen der Fall gewesen, und Sie wären auch noch nass geworden.

Helen Jenkins
Ohope, Bay of Plenty, Neuseeland

Der Glaskörper wird als eiförmiger, hohler Ball geblasen, und Stiel und Basis werden angesetzt, solange das Glas noch heiß und formbar ist. Nach dem Abkühlen wird die Randlinie eingeritzt und die »Spitze« abgenommen. Zurück bleibt ein scharfer Rand.

Der wird nun erneut erhitzt, so dass er zu einer sirupähnlichen Masse schmilzt und einen glatten, nicht mehr scharfen Rand bildet. Anschließend wird das ganze Glas in einem Glühofen erhitzt, um es ein wenig zu glätten und die Spannungen abzubauen, die sich beim Erhitzen und Kühlen gebildet haben. Danach wird das Glas gleichmäßig heruntergekühlt.

In Ihrem Fall wurde der Auskühlungsprozess wahrscheinlich nicht richtig durchgeführt. Wenn das Glas einen Kratzer hat, kann der eine Spannungslinie bewirken, an der entlang sich leicht ein Sprung ausbreiten kann. Solche Defekte können plötzlich auftreten. Ende der 1940er Jahre war eine Partie von Bechern aus gehärtetem Glas auf dem Markt, die berüchtigt dafür waren, unversehens zu zerspringen.

David Stevenson
Per E-Mail, ohne Ortsangabe

Die Sache erinnert mich an ein merkwürdiges Vorkommnis in einem Pub, in dem ich gearbeitet habe. Manchmal, wenn wir Bier in Halblitergläser zapften, brach das Glas genau in der Mitte in zwei Hälften. Das Ergebnis waren ein glatter Schnitt mit sauberem Rand und Bier auf dem gesamten Fußboden.

Da dies mehrfach vorkam, prüften wir die Gläser im Schrank. Viele waren wie von einem Glasschneider eingekerbt. Eine Zeit lang nahmen wir an, einer unserer Gäste würde uns vielleicht einen Streich spielen. Doch dann hatte der Wirt einen Geistesblitz und fragte, ob eine der Bardamen Linkshänderin sei.

Eine von ihnen war das in der Tat, und sie trug einen Verlobungsring mit einem großen Diamanten. Wenn sie die Halblitergläser abtrocknete, nahm sie das Geschirrtuch in die linke Hand, steckte es in das Glas und trocknete dieses mit einer kreisförmigen Bewegung. Der Diamant fungierte dabei genau wie ein Glasschneider und hinterließ rundum einen gleichförmigen Kratzer. Der bewirkte, dass das Glas sauber brach, sobald der Bierdruck hinzukam.

Ich frage mich, ob es sich bei den Kristallgläsern Ihrer Leserin um ein ähnliches Vorkommnis handeln könnte.

Richard Hooker
Ohne Ortsangabe

Wie eingangs erwähnt, haben uns die *New-Scientist*-Leser ziemlich geprügelt, nachdem wir den Mythos vom flüssigen Glas wiederholt hatten. Deshalb schickten wir alle ursprünglichen Antworten an John Parker, der einen Lehrstuhl für Glaswissenschaften und Technik an der University of Sheffield innehat. – Red.

Die Behauptung, Glas würde fließen, ist ganz gewiss unzutreffend. Nach dem, was wir erfahren haben, klebten die Gläser an dem Brett, auf dem sie standen. Der Versuch, sie herunterzunehmen, verursachte daher genug Spannungen, um den Bruch zu bewirken. Zwei Fragen müssen beantwortet werden: Warum klebten die Gläser fest, und warum trat diese bestimmte Form von Bruch auf?

Eine Untersuchung der Spuren, die die Gläser auf dem Brett hinterlassen haben, hätte einige Anhaltspunkte liefern können. Glas fließt nicht, aber es wird sehr langsam von flüssigem Wasser angegriffen, und die dabei entstandenen Produkte könnten im Lauf der Zeit eine schwache Bindung mit dem Brett eingegangen sein. Solche Bindungen können in einem heißen, feuchten Klima zum Problem werden, wenn man Glasplatten stapelt und Kondenswasser und Verdunstung nacheinander auftreten. Selbst nach kurzer Lagerzeit können die Platten dann verklebt sein. Es wäre interessant zu erfahren, ob die Gläser feucht in den Schrank gestellt wurden oder die Umgebung so feucht war, dass sie im Laufe des langen Zeitraums zusätzlich angegriffen wurden.

Wenn das Brett eine Kunststoffbeschichtung aufweist, kann die auch dazu beigetragen haben. Kunststoffe verändern sich im Lauf der Zeit durch Fluss, Reaktionen auf Sonneneinstrahlung und so weiter. Es ist sogar möglich, dass sich ein luftdichter Abschluss zwischen Glas und Brett bildete und so unterschiedliche Luftdrucke zur Adhäsion beitrugen.

Der saubere Bruch legt nahe, dass sich der Sprung rund um das Glas ausbreitete, weil nur geringe Kräfte zur Anwendung kamen. Unter solchen Bedingungen sind die Bruchstellen glatt, und der wachsende Sprung verzweigt sich nicht. Er dürfte irgendwo hinten am Glas seinen Ausgang genommen haben, wo das Ziehen am Stiel eine Biegebelastung bewirkt hat, die zu einer Spannung auf der Glasaußenseite führte. Mit Hilfe einer Lupe hätte man den Ausgangspunkt des Bruchs bestimmen können. Sobald sich ein Sprung gebildet hat, läuft er rasch rund um den gesamten Rand.

Doch warum trat der Sprung auf? Entweder, weil die einwirkenden Kräfte lokal hoch waren oder weil ein Fehler im

Glas an einer kritischen Stelle schwache Kräfte verstärkte. Ursache dafür könnten eine dünne Stelle im Glas oder eine zusätzliche Belastung durch eine schlechte Auskühlung sein. Und ein schwerer Makel – zum Beispiel ein Kratzer durch einen Diamantring, wie einer der Korrespondenten anführte – kann die Belastung in einem spröden Material wie Glas in einer Größenordnung verstärken, dass es zum Bruch kommt (ein sprödes Material ist eines, das eben nicht fließt, wenn es Druck ausgesetzt wird). Eine solche Beschädigung ist die wahrscheinlichste Erklärung.

Wie immer liegt bei dieser Art von Problemen die Gefahr darin, dass nur ein Teil der Umstände in die erste Analyse einfließt und sich später herausstellt, dass ein ganz anderer Faktor die Schlüsselrolle spielte.

John Parker
University of Sheffield, UK

Welch heller Funke

Mein Sohn hat am Guy Fawkes Day Wunderkerzen abgebrannt und fragte mich, warum er damit Formen in die Luft malen kann. Dann wollte er wissen, wieso jeder Funke, der vom Draht in seiner Hand sprang, eine deutliche Linie bildete, die in einem Stern mündete. Ich konnte keine der beiden Fragen beantworten. Kann mir jemand helfen?

Simon Zia
Manchester, UK

Ein Phänomen, das als visuelle Persistenz bezeichnet wird, sorgt dafür, dass Wunderkerzen scheinbar Linien in die Luft malen können. Das menschliche Auge reagiert nicht sofort, wenn sich das Bild ändert, sondern sieht das vorherige Bild noch ein paar Millisekunden lang weiter. Dies ermöglicht es uns, Film- oder Fernsehbilder als bewegte Bilder wahrzunehmen, obwohl es sich in Wahrheit um eine Serie von stehenden Bildern handelt. Die Augenträgheit bewirkt, dass jedes Bild mit seinem Vorgänger verschmilzt, und schafft die Illusion von Bewegung.

Wenn das wechselnde Bild sehr helle Elemente vor einem dunklen Hintergrund aufweist – wie eine brennende Wunderkerze bei Nacht –, dauert die Persistenz länger, so dass Licht aus einem relativ großen Zeitraum zu einem einzigen Streifen zusammengefasst erscheint.

Zahllose technische Spielereien nutzen diesen Effekt und setzen Streifen sich schnell bewegender LEDs ein, um Luftmalereien vorzugaukeln. Auch die farbigen Punkte, die man nach einem Kamerablitz sieht, beruhen auf Persistenz.

Die Funken einer Wunderkerze entstehen, weil brennende Staubpartikel eines Metalls wie Magnesium oder Aluminium von dem Feuerwerkskörper geschleudert werden. Zunächst brennt nur ihre äußere Schicht, aber wenn der Staub zu einer kritischen Größe heruntergebrannt ist, wird der Kern so heiß, dass er explodiert. Die Subpartikel von der Explosion verglühen so schnell und hell, dass sie einen deutlich erkennbaren Stern bilden.

Alec Cawley
Newbury, Berkshire, UK

Was bringt die Anziehungskraft?

Wenn ich einen Eisennagel langsam auf einen Magneten zu bewege, springt er an einem gewissen Punkt geradezu an den Magneten und klebt daran. Ich bin wissenschaftlich gut genug gebildet, um zu wissen, dass nichts umsonst zu haben ist. Woher kommt also die Energie, die Trägheit und Reibung überwindet und den Nagel in Bewegung setzt?

Peter Jenks
Kapstadt, Südafrika

Das, was wir umsonst haben, ist der Umstand, dass wir in einem Universum leben, das uns nutzbare Energie bietet. Stellen Sie sich einen Stein vor, der aus dem Weltall auf die Erde fällt. Seine Position über dem Planeten plus das Gravitationsfeld verleihen dem System potentielle Energie (Energie, die gespeichert ist), die wandelt sich in kinetische Energie (Bewegungsenergie) um, während sich der Stein Richtung Erde beschleunigt. Hätten wir ihn von der Erde auf den Ausgangspunkt seiner Flugbahn gehoben, hätten wir exakt die Menge Energie aufwenden müssen, die der Stein freisetzt.

Ähnlich haben auch der Nagel und der entfernte Magnet potentielle Energie, die sich in kinetische umwandelt, wenn sie im Magnetfeld zueinander»springen«. Der Stein hoch über der Erde und der Nagel weit weg vom Magneten sind voll mit gespeicherter Energie. Die wenigste Energie haben der Stein auf der Erde und der Nagel am Magneten, nicht der Stein im Weltall oder der Nagel für sich.

Es macht keinen Unterschied, ob sie am Ausgangspunkt getrennt sind oder ob Sie Energie aufwenden, um sie auseinanderzuziehen und dann wieder zueinanderkommen zu lassen. Die freigesetzte Energie entspricht der nutzbaren, und die Masse-Energie-Menge des Weltalls ändert sich nicht.

Jon Richfield
Somerset West, Südafrika

Es ist hilfreich, wenn man das Magnetfeld des Magneten mit dem Gravitationsfeld der Erde vergleicht. Man könnte genauso fragen: »Woher kommt, wenn man einen Ball fallen lässt, die Energie, die Trägheit und Luftwiderstand überwindet und Ball und Erde zusammenbringt?«

Die einfache Antwort lautet: Die Energie war von vornherein vorhanden, gespeichert als potentielle Energie – das Potential des Nagels, an den Magneten zu springen, bestand bereits. Als der Nagel losgelassen wurde, sich in Richtung Magnet bewegte und mit ihm zusammenprallte, wandelte sich seine potentielle Energie in kinetische, Wärme- und Ton-Energie um. Wenn Sie den Nagel vom Magneten trennen, wenden Sie vor allem kinetische Energie auf, die wiederum in potentielle Energie des Nagels umgewandelt wird und ihm erneut das Potential verleiht, vom Magneten angezogen zu werden.

Sam Davies
Limpsfield, Surrey, UK

Auch wenn die Bewegung plötzlich erfolgt, existiert die Energie ehe sich der Nagel bewegt. Sie ist im Magnetfeld des Magneten gespeichert. Was wie eine plötzliche Zunahme der Energie erscheint, ist die Umwandlung von magnetischer potentieller Energie in kinetische. Der Nagel hat potentielle Energie in unendlicher Entfernung und verliert sie, wenn er näher herankommt und sie in kinetische Energie umgewandelt wird.

Es ist schwierig, potentielle Energie zu verstehen, aber wenn Sie Nagel und Magnet in der Luft halten, merken Sie, dass Sie den Nagel leicht wegziehen müssen, um ihn vom Magneten abzuhalten. Je dichter sich der Nagel am Magneten befindet, desto mehr Kraft müssen Sie dafür aufwenden. Wenn Sie den Nagel auf einen Untergrund legen, ist es eher die Reibung als die Kraft Ihrer Hände, die den Nagel fernhält. An dem Punkt, wo die Reibung geringer ist als die Kraft, die nötig ist, um den Nagel in seiner Position zu halten, beschleunigt er in Richtung Magnet.

Adam Hewitt
Guildford, Surrey, UK

Libelle auf Abwegen

Wie kalibrieren Hersteller Wasserwaagen? Ich habe zwei Wasserwaagen, und eine ist komplett aus dem Lot. Kann ich sie rekalibrieren?

Dave Gellard
London, UK

Mir wurde beigebracht, beim Gebrauch einer Wasserwaage das Ergebnis immer durch eine zweite Messung mit der um 180° gedrehten Waage gegenzuprüfen. Dadurch kann man Abweichungen in der Position der Wasserblase ausgleichen. Gibt es die, bekommt man verschiedene Ergebnisse, und die echte Waagrechte ermittelt man, indem man ihren Durchschnitt nimmt.

Wenn Sie eine Wasserwaage kalibrieren wollen und es sich um eine handelt, die einen für diesen Zweck drehbaren Libelleneinsatz hat, nehmen Sie eine saubere, glatte Wand und legen einen Referenzpunkt fest. Setzen Sie nun die Wasserwaage horizontal an und ziehen Sie die Linie, die die Libelle vorgibt, vom Referenzpunkt bis zum anderen Ende der Wasserwaage. Dann drehen Sie die Waage um 180° und wiederholen den Vorgang. Dabei erhalten sie zwei divergierende Linien. Halbieren Sie die Differenz am entfernten Ende und ziehen Sie nun eine neue Linie zum Referenzpunkt: Dies ist die echte Waagrechte, und die können Sie benutzen, um Ihre Wasserwaage zu kalibrieren.

Übrigens hat man mir auch erzählt, man könne Ersatzlibellen für Wasserwaagen kaufen. Man findet sie im selben Regal wie Schraubendreher für Linkshänder und Übergewichte.

Marco van Beek
London, UK

In Thailand, wo ich lebe, haben die Maurer keine Wasserwaagen. Stattdessen benutzen sie ein längeres Stück Plastikschlauch, das mit Wasser gefüllt ist. Legt man den Schlauch zu einem flachen U und hält ihn an eine Wand, pegelt sich der Wasserstand an beiden Enden auf genau derselben Höhe ein. Dann nehmen die Bauleute ein »Kreideseil« – ein Stück Seil, das mit farbiger Kreide eingerieben ist –, spannen es zwischen den beiden Wasserspiegeln, und nach einem kurzen Zupfen ist die Waagrechte auf die Wand gezeichnet. Sie könnten Ihre Wasserwaage an eine so gewonnene Linie halten, um sie zu kalibrieren.

Ken S
Per E-Mail, ohne Ortsangabe

Ihr Leserbriefschreiber sollte sich mit Hilfe einer Wasserwaage, die als korrekt bekannt ist, eine absolut horizontale Fläche suchen. Dann sollte er die falsch anzeigende Wasserwaage auf diese Fläche legen und den Winkel der Libellenkapsel neu ausrichten. Abschließend sollte er die Korrektur, wie in der ersten Antwort beschrieben, mit der um 180° gedrehten Waage überprüfen.

Andrew Fogg
Sandy, Bedfordshire, UK

3 Unser Körper

Die besten Häppchen

Mal angenommen, es käme zum schlimmsten Fall und man müsste Teile von sich selbst essen: Welche Nichtorgane sind am nahrhaftesten? Nägel? Haare? Ohrenschmalz?

David Klein
Palmerston North, Neuseeland

Nägel und Ohrenschmalz sind nahezu unverdaulich, solange man sie nicht sehr lange im Dampfkochtopf gart, vorzugsweise in einer leichten Säure. Wenn unter Nahrung Energie oder Proteine und Ähnliches verstanden werden, dann sind Knochenmark und Fettgewebe am besten geeignet.

Knochenmark zu extrahieren ist eine unschöne Aufgabe, also sollte man eher mit Hilfe der Fettabsaugung Fett gewinnen – vorausgesetzt es ist noch welches vorhanden, denn wenn man am Verhungern ist, dürfte nicht mehr viel da sein. Fettgewebe macht etwa ein Sechstel bis ein Viertel des Gewichts eines kräftigen Menschen aus, bei starker Obesität sind es drei Viertel. Doch wenn man zu viel Fett auf einmal absaugt, kann die dabei entstehende Wunde tödlich sein. Blut zu trinken bringt zu wenig Nährwerte.

Genau genommen gibt es kaum Nahrung, die ohne chirurgische Eingriffe aus einem normalen menschlichen Körper gewonnen werden kann. Im Gegensatz zu Menschen können Aasfresser wie Museumskäfer und Kleidermotten Keratin – die Proteine aus Haaren und Fingernägeln – verdauen. Der einzig nennenswerte äußere Teil, den Menschen verzehren können, ist somit die Haut, die man in Wasser legt bis man sie abkratzen kann. Diese Haut wird wahrscheinlich nahrhafter, wenn man sie ein paar Tage verwesen lässt, so dass Bakterien ihr eine mehr käseähnliche Beschaffenheit verleihen können. Guten Appetit!

Jon Richfield
Somerset West, Südafrika

Wenn man hungert, beginnt unser Körper ziemlich effizient damit, sich selbst zu verzehren, indem er seine Fettreserven verbraucht. Wenn das Fett zur Neige geht, wendet er sich dem Muskelgewebe zu.

Entnimmt man per Operation Gewebe für den Verzehr, würde man dem bereits vom Hunger geschwächten Körper eine erhebliche Verletzung zufügen. Indem man Teile von sich abschneidet, mindert man sogar seine Überlebenschancen, weil die Wunde die Selbstheilung des Körpers in Gang setzen würde, die zusätzliche Nährstoffe aufbraucht.

Die eigenen Ausscheidungen, etwa Urin, zu verzehren, würde zusätzliche Probleme hervorrufen. Wenn man zum Überleben Urin trinken muss, sollte man ihn vorher destillieren. Kontaminierte Salzbrühe in einer sowieso problembelasteten Situation zu trinken, ist keine Leben erhaltende Maßnahme.

Bimmo
Per E-Mail, ohne Ortsangabe

Ich schlage so etwas ungern vor, doch Sie haben selbst bereits Ohrenschmalz als Möglichkeit angeführt (wovon es aber nicht genug gäbe, selbst wenn es nahrhaft wäre), und Ihr Widerstand dem Anstößigen gegenüber könnte schwächer werden, wenn Sie längst Ihren Urin trinken, um dem Verdursten zu entgehen. Darf ich unter diesen Umständen den Vorschlag machen, Fäkalien zu essen?

Fäkalien enthalten eine Menge nützlicher Proteine, denn einer ihrer Hauptbestandteile ist eine große Zahl von abgestorbenen Darmbakterien. Sie riechen unschön, aber Nasezuhalten lässt den Geschmack deutlich erträglicher werden. Ich glaube nicht, dass Sie vom Verzehr Ihrer eigenen Fäkalien ernsthaft krank werden können, denn Sie können sich mit Krankheiten wie Hepatitis nur an den Fäkalien einer Person anstecken, die auch daran erkrankt ist. Ähnliches gilt für *Escherichia coli*. Davon gibt es zwar gefährliche Unterarten, doch wären Ihre *E. coli* gefährlich, wären Sie bereits krank. Um sicherzugehen, könnten Sie die Fäkalien auf eine Innentemperatur von 70° C erhitzen, um alle *E. coli* abzutöten.

Auf alle Fälle sollten Sie aber professionellen Rat einholen, ehe Sie Fäkalien essen – es sei denn, Ihr Leben hinge wirklich davon ab. Und denken Sie daran, mit dem Sammeln Ihrer Fäkalien zu beginnen, solange Sie noch Nahrungsmittel zu sich nehmen, anderenfalls könnte Ihre Produktion zu gering ausfallen.
Per E-Mail, ohne Namens- und Ortsangabe

Augenlinien

Bohrt man mit einer Stecknadel ein Loch in ein Stück Karton, hält es dicht ans Auge und schaut hindurch, während man den Karton dreht, sieht man das Netzwerk seiner eigenen Retinakapillargefäße vor dem Hintergrund eines bewölkten Himmels. Wieso?

Doohan Cho
Seoul, Südkorea

Dabei handelt es sich um ein faszinierendes Phänomen, das nach dem tschechischen Physiologen Jan Evangelista Purkinje als Purkinje-Aderfigur bezeichnet wird. Zugleich handelt es sich um ein hervorragendes Argument gegen das intelligente Design des Kreationismus.

Ehe das Licht im menschlichen Auge die Photorezeptoren erreicht, passiert es Nervenfasern und Blutgefäße. Diese merkwürdige Anordnung bewirkt, dass die Blutgefäße Schatten auf den Augenhintergrund werfen, und ist der Grund, warum die Kapillargefäße sichtbar werden, wenn man durch ein rotierendes kleines Loch schaut. Einem meisterhaften Schöpfer wäre dieser Fehler sicher nicht unterlaufen. Das Auge eines Tintenfisches ist schließlich umgekehrt aufgebaut – was den Schluss nahelegt, dass der mythische intelligente Designer des Lebens in Kopffüßern eine höhere Lebensform als in Menschen sieht.

Normalerweise sehen wir die Schatten der Blutgefäße nicht, weil das menschliche Auge nicht in der Lage ist, ein unbewegtes Bild wahrzunehmen. Wir können unbewegte Dinge wie Statuen oder Türen nur sehen, weil unsere Augen ununterbrochen winzige Bewegungen machen, die dafür sorgen, dass die Bilder über unsere Netzhaut tänzeln. Mit Hilfe ausgefeilter Apparate zur Verfolgung von Augenbewegungen kann man Retinabilder zum Stillstand bringen. Sobald der eintritt, verschwindet auch das Bild. Dieses Phänomen ist als Troxler-Effekt bekannt. Wenn unsere Augen absolut bewegungslos blieben, wären wir nahezu blind. Intelligentes Design, was? Da die Blutgefäße Teil des Auges sind, bewegen sie sich mit ihm – so dass sie im Hinblick auf die Photorezeptoren stillstehen – und bleiben deshalb üblicherweise unsichtbar.

Bewegt man jedoch ein kleines Loch vor der Pupille, ändert sich die Richtung des Lichts, das auf die Augenrückwand fällt und »bewegt« die Kapillargefäße im Verhältnis zur Netzhaut. Und somit werden sie sichtbar. Noch besser kann man die Blutgefäße im eigenen Auge wahrnehmen, wenn man mit einer hellen, kleinen Stablampe dicht in den weißen Teil des Augapfels leuchtet (natürlich ohne sich dabei die Lampe ins Auge zu stechen).

Ian Flitcroft
Leitender Ophthalmologe
Dublin, Irland

Baden verboten

Allen, die ich kenne, wurde als kleinen Kindern gesagt, man dürfe nach dem Essen eine Stunde lang nicht schwimmen. Gibt es einen Grund dafür?

Louis Counter
Croydon, Surrey, UK

In mehreren Antworten wurde dies als Ammenmärchen abgetan, obwohl unsere Kenntnisse der Physiologie das Gegenteil nahelegen. Manche Leser wiesen auf die Kohlenhydratmengen hin, die Marathonläufer vor dem Start zu sich nehmen, und sahen dies als Beweis, dass der Körper gut damit zurechtkommt, wenn er schon kurz nach dem Essen Anstrengungen verkraften muss. Die Frage ist, wie kurz diese Zeitspanne sein kann. Siehe dazu den Beitrag von Jon Richfield. – Red.

Während meiner Schulzeit habe ich regelmäßig an Schwimmwettkämpfen teilgenommen und schwimme auch heute noch viel um der Fitness willen. Häufig nehme ich eine ausgiebige Mahlzeit zu mir, hüpfe wieder ins Becken und verspüre keine Auswirkungen während oder nach einer längeren lockeren Schwimmrunde. Lege ich jedoch ein Langstreckentraining ein, treten unangenehme Reflux-Erscheinungen von der vorausgegangenen Mahlzeit auf. Ich habe festgestellt, dass Pickles am schlimmsten sind. Das Problem rührt wohl von der Unterleibsdrehung her, die der Schulterrotation beim Kraulen vorausgeht. Schmetterlingszüge scheinen dieselbe Wirkung zu haben – es fühlt sich an, als würde man rasche Sit-ups machen, nachdem man sich vollgestopft hat. Schwimmt man mit vollem Magen, ist das zweifellos weniger effizient und man ist deutlich langsamer, auch wenn ich nie die Krämpfe bekommen habe, von denen andere berichten.

Per E-Mail, ohne Namens- und Ortsangabe

Die Warnung wird gewiss nicht mehr sonderlich ernst genommen, was zahllose Kinderbecken mit ihrem mittäglichen Höllenlärm jeden Sommer belegen. Unser Körper muss sich jedoch nach wie vor den extremen Herausforderungen stellen, die physische Anstrengung und Verdauung für ihn sind. Beide Vorgänge verlangen, die Kräfte auf bestimmte Funktionen zu konzentrieren: Es ist viel Blut nötig, um Nahrung zu verarbeiten und aus dem Darm zu transportieren – und dies steht in Konkurrenz zu der Blutmenge, die Sauerstoff und Nährstoffe in die Muskeln transportieren muss.

Daher führt von Natur aus ein voller Magen eher zu Trägheit. Jeder Zwang zu starker Anstrengung impliziert einen Notfall, der ein Übergeben rechtfertigt, um die Belastung über Bord zu werfen. Schlangenhändler lernen alsbald, dass ihre Tiere unter Stress just eingenommene Mahlzeiten erbrechen können, und menschliche Militärrekruten lassen bei starkem Drill ihr Frühstück normalerweise im Straßengraben zurück.

Eine rationale Erklärung für die Warnung ist vielleicht, dass körperliche Anstrengung und Verdauung jeweils zusätzliche Blutmengen beanspruchen, so dass Schwimmen für Menschen, die zu Ohnmachten neigen, gefährlich werden kann. Und überhaupt: Warum soll man es riskieren, dass man sich beim schnellen Schwimmen übergibt, wenn es reicht, eine Weile zu warten? Der Magen absorbiert nur sehr wenig Nahrung, also stellt er ein unangenehmes Handicap dar, wenn er voll ist. Nahrung im Dünndarm versorgt uns hingegen fortgesetzt mit Kraft, während wir sie assimilieren.

Jon Richfield
Somerset West, Südafrika

Lebenskleber

Wieso halten die Zellen im menschlichen Körper zusammen statt einfach auseinanderzufallen?

McKenzie Gibson
Glasgow, UK

Die Körperzellen sind zu Geweben angeordnet, die durch eine Vielzahl molekularer Interaktionen zusammengehalten werden. Zum einen wirken die Zellen selbst aufeinander ein. Das ist eine sehr spezielle Einwirkung, die von verschiedenen Familien von Adhäsionsmolekülen, die man als Cadherine bezeichnet, Neuralzellen-Adhäsionsmolekülen und interzellaren Zelladhäsionsmolekülen vermittelt wird. Sie alle treten an der Zelloberfläche in Erscheinung und sind im Zytoskelett jeder Zelle verankert – eine Anordnung, die die Interaktionen der Zellen stabilisiert und ihnen Stärke verleiht.

Zum anderen besteht das Körpergewebe nicht bloß aus Zellen, sondern auch aus einem komplizierten Netzwerk von Makromolekülen, das man als extrazelluläre Matrix bezeichnet. Sie unterstützt die Zellanordnung und setzt sich aus einer Vielzahl verschiedener Polysaccharide und Proteine zusammen, die hauptsächlich von anderen Zellen, den Fibroblasten, vor Ort produziert werden.

Diese Makromoleküle sind in einem geordneten Geflecht verbunden, und die Matrix kann, abhängig von den Anteilen ihrer Komponenten, verschiedene Formen annehmen, die bestimmten funktionalen Erfordernissen angepasst sind. Beispielsweise kann sie kalzifiziert und hart wie in Knochen und Zähnen, durchsichtig wie in der Hornhaut oder elastisch und kräftig wie in den Sehnen sein. Die Hauptkomponenten der Matrix, die die oben angeführten Eigenschaften bestimmen, sind Fasern bildende Proteine, die strukturgebend (Kollagene und Elastin) oder adhäsiv (Fibronektin und Laminine) sein können.

Zellen haften an diesem komplexen Gerüst mittels Oberflächenrezeptoren, die als Integrine bezeichnet werden. Sie sind im Zytoskelett der Zelle verankert und verbinden sich mit Matrixkomponenten. Obwohl sich die Integrine dicht an dicht auf der Zelloberfläche befinden, ist ihre Tendenz, mit den Matrixkomponenten zu interagieren, relativ gering. Dies ermöglicht es den Zellen, sich innerhalb der Matrix zu bewegen ohne völlig die Haftung zu verlieren. Das bedeutet, dass es sich letztlich um einen ziemlich flexiblen Kleber handelt.

Doch die Interaktionen zwischen Integrinen und Matrixkomponenten dienen nicht bloß dem Zweck, die Zellen an Ort und Stelle zu halten. Nahezu antennengleich können sie der Zelle Botschaften hinsichtlich des Mikrokosmos, dem sie sich anpassen muss, übermitteln und beeinflussen so Form, Bewegung und Funktion der Zelle.

Natürlich gibt es im Körper auch Zellen, die ungebunden bleiben. Das sind die Bestandteile des Blutes: rote und weiße Blutkörperchen sowie Thrombozyten, die normalerweise im Blutstrom zirkulieren und Sauerstoff zum Gewebe transportieren und nach eingedrungenen Mikroorganismen und Wunden Ausschau halten. Diese Zellen haben die Fähigkeit, sich nach Belieben an andere Zellen oder Gewebe zu binden. Trifft ein Thrombozyt beispielsweise auf eine Wunde, werden die Integrine des Thrombozyts aktiviert, so dass es sich an das Fibrinogen des Blutgefäßes anheften und den Aggregationsprozess einleiten kann, der die Gerinnung bewirkt und die Blutung stillt.

Alena Pance
Abteilung für Biochemie
University of Cambridge, UK

Nasentäuschung

Wenn ich mit dem Finger an meine Nase klopfe verspüre ich nur eine Berührung, obwohl die Wahrnehmung von den Nerven in der Nase nur ein paar Zentimeter bis in mein Gehirn zurücklegen muss, während die von meiner Fingerspitze einen Weg von über einem Meter durch Arm und Schulter hat. Ist das eine Sinnestäuschung, die das Gehirn bewirkt, oder kann das Gehirn gar nicht zwischen zwei Ereignissen, die zeitlich eng beieinanderliegen, unterscheiden? Kann mir das jemand erklären?

Geoff Lane
Bury, Lancashire, UK

Sie nehmen in Wahrheit zwei Berührungen wahr: die Ihres Fingers auf der Nase und die Ihrer Nase auf dem Finger. Die Täuschung entsteht, weil Sie an Ihren Fingerspitzen nicht nur viel mehr Empfindungsrezeptoren als an der Nase haben, sondern diese auch in verschiedener Hinsicht empfindlicher sind. Übrigens: Schauen Sie mal im Internet unter dem Stichwort »sensorischer Homunculus« nach.

Wenn Sie sich Ihren Zeh anstoßen, betasten Sie die schmerzende Stelle als erstes mit den Fingern, um zu prüfen, ob alles in Ordnung ist. Sie tun das mit den Fingern, weil diese Ihnen genauere Informationen über Ihren Körper liefern als die betroffene Körperstelle selbst.

Sie nehmen also tatsächlich zwei Empfindungen wahr. Doch Ihr Hirn entscheidet sich dafür, die Reizempfindung von der

Haut Ihrer Nase nicht zu beachten, weil sie eine wesentlich schlechtere Informationsquelle ist.

Roy Hunter
Helensburgh, Strathclyde, UK

Dank seiner Binnenverarbeitung der unterschiedlichen Empfangszeiten von ankommenden Reizen geht das Gehirn auf bewundernswerte Weise mit Zeitverzögerungen um. Sie ist so gut, dass es Menschen unter bestimmten Umständen schwerfällt, überhaupt eine Zeitverzögerung zuzugestehen. Das Gehirn scheint dabei Reize und Gedanken mit Zeitstempeln zu etikettieren; allerdings weiß man nicht, wie oder in welcher Form dies im Gehirn geschieht.

Bemerkenswert ist auch Folgendes: Um mit anderen Menschen zu interagieren, müssen Vorhersagen hinsichtlich von Dingen oder Ereignissen getroffen werden, die man noch nicht gehört, gesehen oder gespürt haben kann. Die Fähigkeit, zusammen zu singen, ist ein gutes Beispiel. Man muss seinen Ton singen, ehe man denselben Ton von den anderen Sängern hört. Trotzdem glauben Sie, dass Gedanke und Handlung deckungsgleich sind.

Experimente zur Reaktionszeit im Gehirn zeigen, dass das Denken und Planen, die für Handlungen wie das Singen eines bestimmten Tons nötig sind, bereits starten, bevor jemand überhaupt berichten kann, sich entschlossen zu haben, diesen Ton zu singen. Das Gehirn schreibt die Gedanken einem einzigen Moment zu, so dass man – als innerer Beobachter seines eigenen Verhaltens – meint, Planung und Durchführung der Handlung wären im selben Moment erfolgt.

Um zu erkennen, dass das stimmt, sollten Sie sich einmal die Mühe machen festzustellen, wann Sie die Mund- und Kehlkopfbewegungen geplant haben, die Sie benötigen, um den Text des Liedes, das Sie singen, zu artikulieren. Sie werden zu dem Schluss kommen, das sei alles gleichzeitig geschehen.

Christopher Cradock
Bicester, Oxfordshire, UK

Mit Taubheit geschlagen

Warum schlafen insbesondere unsere Arme und Beine gelegentlich ein, und was genau passiert in unserem Körper in einem solchen Fall?

Kuna Patel
London, UK

Das Einschlafen von Gliedmaßen, wissenschaftlich als Parästhesie bezeichnet, kann eine Reihe von Ursachen haben. Am häufigsten ist es direkter Druck auf einen Empfindungsnerv, so dass seine Fähigkeit, Sinneseindrücke an das Gehirn weiterzuleiten, beeinträchtigt wird. Das ist oft bei Nerven der Fall, deren Bahnen dicht an der Körperoberfläche auf einem Knochen liegen. Beispielsweise bewirkt Druck auf den *Nervus ulnaris*, der über den Ellenbogen verläuft, ein Kribbeln in der Hand. Menschen wachen also mit eingeschlafenen Extremitäten auf, weil sie auf einem peripheren Nerv gelegen und so Druck auf ihn ausgeübt haben.

Weniger häufig ist ein anomaler Calciumspiegel im Blut die Ursache, denn er beeinträchtigt die sensorischen Nervenfunktionen. Ein niedriger Calciumwert, wie er gelegentlich nach Schilddrüsenoperationen zu beobachten ist, verursacht üblicherweise ein Kribbeln in den Händen. Hyperventilation löst das Phänomen gleichfalls aus, indem sie das Blut alkalischer macht und so das Calcium in die Zellen treibt, was den Calciumspiegel im Blut herabsetzt. Kribbeln in den Füßen ist auch ein Anzeichen für Nervenschädigungen aufgrund von nicht richtig behandeltem Diabetes.

Zu den schwerwiegenden Ursachen für eingeschlafene Gliedmaßen gehören Nervenerkrankungen wie Schlaganfall und Multiple Sklerose. Kurz gesagt: Das Kribbeln wird durch etwas ausgelöst, das die Funktionen von Empfindungsnerven beeinträchtigt.

David Anderson
Hawkes Bay Regional Hospital
Hastings, Neuseeland

Mit Parästhesie bezeichnet man eine Reihe von Missempfindungen, darunter auch Hautkribbeln. Transiente Parästhesie ist eine zeitweilige Empfindung von Prickeln, Kribbeln oder Taubheit auf der Haut, die anscheinend keine Langzeitauswirkungen hat.

Im Allgemeinen verspürt man sie an den Extremitäten, und die Ursache ist normalerweise mangelnde Blutzufuhr oder versehentlicher Druck auf einen Nerv an der Körperoberfläche. Wenn man beispielsweise kniet oder auf den Unterschenkeln sitzt, kann das Körpergewicht eine geringere Blutzufuhr in den unteren Gliedmaßen bewirken, so dass die Nerven »hungrig« werden und atypische Signale an das Gehirn schicken. Das wird als Kribbeln oder Eingeschlafensein im Fuß oder Unterschenkel wahrgenommen. Sobald man sich bewegt oder seine Position verändert, lässt der Druck auf den Nerv nach, und das Kribbeln verschwindet allmählich.

Parästhesie kann aber auch chronisch sein. Ältere Menschen haben häufig eine schlechtere Durchblutung. Ursachen können Arteriosklerose oder periphere Gefäßkrankheiten sein. Ohne ausreichende Blut- und somit Nahrungszufuhr können die Nervenzellen nicht normal funktionieren. Deshalb kann Parästhesie auch ein Anzeichen für Mangelernährung oder Stoffwechselkrankheiten wie Diabetes und Unterfunktion der Schilddrüse sein.

Schließlich kann auch eine Entzündung des Gewebes den Nerv reizen, der hindurchläuft, und so Parästhesie verursachen. Dies ist der Fall bei Krankheiten wie rheumatischer Arthritis oder dem Karpaltunnelsyndrom. Chronische Parästhesie kann gelegentlich auch ein Symptom neurologischer Störungen wie Motoneuron-Erkrankungen oder Multiple Sklerose sein.

Melanie Trickett
Bristol, UK

Ein Leben nach dem Tod

Wieso wachsen Haare und Fingernägel nach dem Tod weiter? Tot bedeutet doch tot. Wie kann unser Körper dann weiterhin Zellen produzieren?

Shannon Smith
Bermuda

Just das ist uns als frischgebackenen Medizinstudenten angesichts der Leichen aufgefallen, die wir im Lauf der nächsten zwei Jahre sezieren sollten: Sie alle hatten relativ lange Fingernägel und die Männer zudem ordentlich gestutzte Bartstoppeln. Wir nahmen also an, dass sie gewachsen waren, während die Leichen präpariert wurden. Doch ein Anatomielehrer versicherte uns, dass Haare und Nägel nach dem Tod nicht weiterwachsen, sondern das Phänomen darauf zurückzuführen ist, dass das Gewebe rundum eintrocknet und schrumpft, also von den Nägelwällen und Haarwurzeln zurückweicht und so den Eindruck von Wachstum vermittelt.

David Pothier
Bristol, UK

Das ist ein Mythos, der möglicherweise durch Erich Maria Remarques Roman *Im Westen nichts Neues* in die Welt gekommen ist. Dort denkt der neunzehnjährige Ich-Erzähler Paul Bäumer über den bevorstehenden Wundbrand-Tod seines Freundes Kemmerich nach. Er schreibt: »Mir fällt ein, dass diese Nägel weiterwachsen werden, lange noch. Gespenstische Kellergewächse, wenn Kemmerich längst nicht mehr atmet. Ich sehe das Bild vor mir: sie krümmen sich zu Korkenziehern und wachsen und wachsen, und mit ihnen die Haare auf dem zerfallenden Schädel, wie Gras auf gutem Boden, genau wie Gras ...«

Es tut mir leid, wenn ich einige enttäuschen muss, aber Haare und Nägel wachsen nach dem Tod nicht weiter. Stattdessen dehydriert der Körper, die Haut schrumpft, wird hart und zieht sich von Haaren und Nägeln zurück, so dass ein Wachstum vorgetäuscht wird. Interessanterweise behandeln Bestattungsunternehmer die Leichen mit Moisturiser, um diesem Effekt entgegenzuwirken.

Richard Siddall
Harrow, Middlesex, UK

Der Glaube, dass Fingernägel und Haare nach dem Tod weiterwachsen, ist ein ziemlich weit verbreiteter Irrtum. Vor einiger Zeit hat eine wegen Mordes verurteilte Person bei unserer Bibliothek nach Literatur zu diesem Phänomen gefragt. Der Mann wollte mittels des postmortalen Wachstums von Haaren und Nägeln den Todeszeitpunkt anzweifeln und so seine Unschuld beweisen. Zu seinem Leidwesen existieren keinerlei wissenschaftliche Beweise für dieses Wachstum.

Bärbel Schäfer
Bibliothek der Universität Marburg
Deutschland

Schritt halten

Wenn man mich mit einer Substanz vergiftet, die einen Herzstillstand bewirkt, würde ich dann dank meines Herzschrittmachers überleben?

Mark Rowney
Per E-Mail, ohne Ortsangabe

Das hängt von den Umständen ab. Substanzen, die die Kontraktionsfähigkeit des Herzens beeinflussen, setzen entweder am speziellen elektrischen Leitsystem an, das den Herzschlag auslöst, oder bei der Fähigkeit des Herzmuskels, Kontraktilkraft zu schaffen. Im ersten Fall sorgt ein Schrittmacher selbst dann noch weiter für Kontraktionen, wenn die intrinsische elektrische Aktivität des Herzens unterdrückt wird. Im zweiten Fall verhindert die Substanz, dass sich der Herzmuskel zusammenzieht, daher kann der Schrittmacher den Herzschlag nicht aufrechterhalten. Mit letzterem Ansatz arbeitet man bei der Kardioplegie, jener Technik, mit der das Herz während der offenen Herzchirurgie gelähmt wird. Sobald der Herzschlag aussetzt, können die Chirurgen Bypässe oder neue Klappen einsetzen. Wenn die Kardioplegie dann rückgängig gemacht wird, nimmt der Herzmuskel seine Kontraktionen wieder auf.

Rafe Chamberlain-Webber
Chef-Kardiologe
Edge, Gloucestershire, UK

In Morpheus' Armen

Ich habe Schwierigkeiten, nachts zu schlafen, und es dauert manchmal zwei Stunden, bis ich eindöse. Sitze ich jedoch als Passagier in einem Auto, Bus oder Zug, kann ich binnen Minuten einschlafen, häufig unbeabsichtigt oder obwohl ich Musik höre. Am Ende der Fahrt reiße ich mich aus dem Schlummer, um anschließend in mein

Bett zu fallen und dort nicht weiterschlafen zu können. Warum ist ein ruhiges, entspannendes, bequemes Bett weniger förderlich für den Schlaf?

Alan Godfrey
Barnet, Hertfordshire, UK

Ich habe auch unter dem »Überall-außer-im-Bett-schlafen-Syndrom« gelitten. Und ich bin zu dem Schluss gekommen, dass dies hauptsächlich von meiner Befindlichkeit abhängig war. Während einer Fahrt können das Geräusch und die Wärme dazu beitragen, dass uns Schläfrigkeit übermannt – gepaart mit dem Umstand, dass wir dann üblicherweise nichts zu tun haben. Zur Schlafenszeit war es jedoch offenbar so, dass mein Geist das Fehlen äußerer Ablenkungen ausnutzte, um ein paar ernsthaften Gedanken nachzugehen. Zusammen mit den besorgten Blicken auf die Zeiger der Uhr, die immer weiter jenseits von Mitternacht krochen und eine weitere Nacht mit zu wenig Schlaf ankündigten, führte dies dazu, dass ich hellwach blieb.

Jetzt weiß ich, dass es hilft, wenn ich meinen Kopf von rationalem, analytischem Denken ablenke. Besonders wirksam ist, sich überwiegend passive Situationen vorzustellen. Mein persönlicher Favorit ist das Fliegen, wobei ich bloß dahingleite und den Ausblick genieße. Nachdem ich diese Technik ein paarmal angewendet habe, nahm auch meine Besorgnis ab, und ich kann jetzt meist auch ohne diese Methode problemlos einschlafen. Eine andere Technik ist es, in besonders schwierigen Nächten aufzustehen, ein wenig herumzulaufen und sich dann wieder ins Bett zu legen.

Außerdem habe ich festgestellt, dass es nicht schlaffördernd ist, vor dem Zubettgehen am Computer zu sitzen.

Richard Thomas
Dickson, Tennessee, USA

Endlich jemand, der dasselbe Problem hat wie ich. Der Grund, warum ich nicht einschlafen kann, ist, dass ich zu viel denke, und es fällt mir ziemlich schwer, meinen Kopf zum Abschalten zu bringen. Die Schlafenszeit ist nach einem langen, geschäftigen Tag der erste Moment, wo ich wirklich nichts tue und somit Zeit zum Denken habe. Unglücklicherweise lässt sich mein Kopf nicht davon abhalten, und ich muss den Gedanken ihren Lauf lassen.

Als Passagier in einem Auto ist das Gegenteil der Fall. Wenn niemand mit mir redet (weil ich üblicherweise Musik höre), schlafe ich bei langen Fahrten leicht ein. Das beruhigende ständige Vibrieren des Autos, die vorbeihuschende Landschaft und die Erschöpfung aufgrund des Schlafmangels vieler Nächte zuvor schicken mich rasch in Morpheus' Arme. Die Erfahrung ist zweifellos ganz ähnlich der, wenn ein Baby in den Schlaf gewiegt wird, und ich merke, dass mein Kopf nicht denkt, sondern die vorüberziehende Landschaft aufnimmt.

Die Lösung des Problems, hat man mir gesagt, ist körperliche Verausgabung. Dann sind Sie erschöpft, wenn Sie zu Bett gehen, und schlafen hoffentlich sofort ein. Und das bedeutet, Sie sind bei Fahrtantritt nicht mehr so müde wie sonst und nicken daher nicht mehr so leicht ein.

Wenn es Ihnen nur darum geht, im Auto nicht einzuschlafen, können Sie versuchen sich wach zu halten, indem Sie das Fenster öffnen oder mit jemandem plaudern. Ich persönlich ziehe es jedoch vor, die Gelegenheit zu nutzen und etwas Schlaf nachzuholen.

James Ley
Melbourne, Australien

Es geschieht nur zu leicht, dass man das Zubettgehen mit Schlaflosigkeit verbindet und dies häufig noch mit der Angst vor einer weiteren Nacht ohne ausreichenden Schlaf einhergeht. Das bedeutet, Sie sind richtiggehend vorprogrammiert, nach dem Löschen des Lichts zwei Stunden zum Einschlafen zu benötigen. Sind Sie woanders, kann diese Kette unterbrochen werden, und Sie können angenehmere Assoziationen zwischen dem Zubettgehen und dem Einschlafen zulassen.

Es hat keinen Sinn, ins Bett zu gehen, wenn man nicht schlafen kann. Vergessen Sie die Uhr und machen Sie sich keine Sorgen um Ihre 7 oder 8 Stunden Schlaf. Schlimmstenfalls sind Sie am nächsten Tag etwas müde, und das ist nicht unbedingt schlimm, denn wahrscheinlich schlafen Sie dann in der folgenden Nacht besser. Allerdings muss ich Sie warnen: Wenn Sie nachts schlecht schlafen, führt ein Nickerchen tagsüber, das länger als 15 Minuten dauert, zu noch schlechterem Schlaf in der nächsten Nacht.

Auto wie Zug produzieren ein tieffrequentes, unhörbares Summen, das als Infraschall bezeichnet wird und viele Menschen als entspannend und einschläfernd empfinden. Diese Töne entstehen durch den Lauf der Räder auf der Straße oder den Schienen und auch andere Resonanzen. Daher können Sie unterwegs leichter als in Ihrem Bett einschlafen.

Was tun, wenn Sie nachts nach, sagen wir, 20 Minuten immer noch nicht eingeschlafen sind? Dann sollten Sie das Schlafzimmer Schlafzimmer sein lassen und in einem anderen Raum etwas tun, das Ihre Aufmerksam fesselt, etwa ein Puzzle legen. Es mag lächerlich klingen, aber das ist nicht so dumm, wie im Bett zu schmachten. Beispielsweise ist es ziemlich anstrengend, nach den Unmengen blauer Himmelteilchen zu suchen. Das lenkt Ihren Kopf von anderen Dingen ab und lässt Ihre Lider schließlich schwerer werden – dann ist es Zeit, wieder ins Bett zu gehen.

Wenn Sie in der Nacht aufstehen wollen, müssen Sie einige Dinge vermeiden. Schalten Sie keine Leuchtstofflampen oder andere helle Birnen ein – die machen Sie zu wach. Benutzen

Sie also beim Puzzeln eine Tischlampe. Außerdem sollten Sie nicht lesen, fernsehen oder Radio hören, weil Ihr Hirn leicht wieder auf die beunruhigenden Gedanken zurückkommt, wenn es mit einem zu stark stimulierenden Drama beschäftigt ist.

Jim Horne
Schlafforschungszentrum, Loughborough University
Leicestershire, UK

Jim Horne ist der Autor des Buches Sleepfaring: *A journey through the science of sleep,* das bei Oxford University Press erschienen ist. – Red.

Magenschwäche

Kutteln sind die Magenauskleidung von Kühen und anderen Wiederkäuern. Wieso können Menschen diese aber verdauen? Man sollte doch davon ausgehen, dass sie beim normalen Verdauungsprozess nicht zersetzt werden. Wenn das doch der Fall ist, wieso stellen sie eine dauerhafte Magenauskleidung dar?

Adil Hussain
Birmingham, UK

Unsere Verdauungssäfte können Kutteln zersetzen, weil sie nicht mehr den Schutz besitzen, den sie im lebenden Tier haben. Im menschlichen Verdauungssystem werden sie von Magensäure zersetzt, die aus von Belegzellen des Magens produzierter Salzsäure und Enzymen wie Pepsin besteht.

Diese Substanzen könnten auch unsere eigene Mageninnenwand zersetzen, wenn diese nicht durch eine dicke Schicht hydrogencarbonatreichen Schleims geschützt würde, der von sogenannten Becherzellen produziert wird. Hydrogencarbonat ist alkalisch und neutralisiert die Säure der Belegzellen.

Ohne einen ständigen Vorrat an Hydrogencarbonat würde unser Magen sich selbst verdauen.

Gelegentlich dringt Magensäure zur Mageninnenwand vor und bewirkt ein Geschwür. Früher glaubte man, die Mehrzahl der Magengeschwüre würde durch Magensäure ausgelöst, heute weiß man jedoch, dass dafür viel häufiger das Bakterium *Heliobacter pylori* verantwortlich ist und Medikamente wie Aspirin die Sache verschlimmern können. *H. pylori* schwächt die schützende Schleimschicht des Magens und des Zwölffingerdarms, so dass die Säure zur Innenauskleidung gelangen kann. Das Bakterium kann in der Magensäure überleben, weil es Enzyme produziert, die diese neutralisieren.

Leigh Farina
Cambridge, UK

Ein Teil der Antwort liegt in der Tatsache, dass Kutteln aus dem Wiederkäuer-Vormagen oder Reticulorumen stammen, der keine Verdauungssäfte produziert, wie das unser einfacher, säureabsondernder Magen tut. Kühe fressen Gras und anderes Grünfutter, das sehr viel Zellulose enthält. Säugetier-Enzyme können Zellulose aber nicht aufspalten. Also haben die Wiederkäuer eine komplexe Magenstruktur und ein symbiotisches System entwickelt, das die Aufgabe bewältigt.

Die ersten drei Magenkammern enthalten Bakterien, Protozoen und Pilze. Diese Organismen können Pflanzenzellen vergären, so dass leicht lösliche Fettsäuren (VFAs) freigesetzt werden, die die Leber zu Zucker und anderen für Energie, Wachstum und Laktation benötigten Substanzen umwandeln kann. Das Reticulorumen muss die Nahrung zirkulieren und zerkleinern, ehe es die VFAs absorbieren kann, deshalb handelt es sich um ein Hohlorgan mit einem Epithel, das sowohl robust als auch absorptionsfähig ist. Kutteln stammen aus dem Pansen und bestehen aus diesem Epithel und den darunterliegenden Bindegewebs- und Muskelschichten und sind ziemlich nahrhaft.

Dass sich der »echte« Magen selbst verdauen kann, beweist die Ausbildung von Geschwüren. Sein einziger Schutz vor dieser Form des Angriffs ist eine lückenlose Schicht zähen Schleims, in die Hydrogencarbonat eingebunden ist, das beständig abgesondert wird. Nach dem Tod und der Schleimschicht beraubt, lässt sich auch ein säureproduzierender Magen bestens verdauen.

Ian Jeffcoate
Veterinärmedizinische Abteilung
University of Glasgow, UK

Die Magenauskleidung bildet nur die eine Seite der Kutteln. Die andere Seite kann leicht zersetzt und verdaut werden. Beim Kauen wird auch die Struktur der Kutteln aufgebrochen und macht sie Enzymen gegenüber verwundbar. Da es sich um totes Gewebe handelt, verfügt es nicht über einen effizienten Heilungsprozess. Zusätzlich zerstört das Kochen – wie bei vielen Strukturen, die im lebenden Organismus widerstandsfähig und selbstheilend sind – den Zusammenhalt der Kutteln.

Richard Lucas
Hawley, Hampshire, UK

Frische Blutspuren

Wenn ich einen Tag nachdem ich eine komplette Bluttransfusion erhalten habe, ein Verbrechen begehe und Blutspuren am Tatort zurücklasse, wären die Rechtsmediziner dann in der Lage, meine DNS darin auszumachen? Oder würde ihre Analyse Verwirrung stiften? Natürlich ist klar, dass ich mich nach einer Transfusion wahrscheinlich gar nicht wohl genug fühlen würde, um irgendein Verbrechen zu begehen, und selbstverständlich habe ich auch nicht vor, dies auszuprobieren.

Mark Blackmore
Manchester, UK

Blut besteht aus drei zellulären Komponenten: rote Blutkörperchen, weiße Blutkörperchen und Thrombozyten. Nur die weißen Blutkörperchen sind komplette Zellen mit Kern und DNS. Wenn Spenderblut aufgearbeitet wird, werden die drei Blutbestandteile normalerweise separiert, und das Blut für Transfusionen enthält nur rote Blutkörperchen, die im Verlauf ihrer Reifung ihre Mitochondrien und Zellkerne samt DNS verloren haben.

Selbst eine komplette Transfusion, bei der das Blut des Empfängers mit dem neuen Blut ausgetauscht wird, würde nicht dazu führen, dass die DNS des Spenders am Tatort nachzuweisen wäre. Große Mengen der weißen Blutkörperchen befinden sich außerhalb des eigentlichen Blutkreislaufs. In den 24 Stunden nach der Transfusion würde das empfangene Blut einen erheblichen Teil von ihnen aufnehmen. Also wäre der Empfänger nach wie vor zu identifizieren.

Bei einer Transfusion wird selten vollständiges Blut verwendet. Ist das doch der Fall, werden die weißen Blutkörperchen vom Immunsystem des Empfängers attackiert. Somit ist es höchst unwahrscheinlich, dass am nächsten Tag noch irgendwelche DNS des Spenders existiert.

Die einzige Ausnahme bildet die Knochenmarktransplantation. Die Stammzellen im Transplantat versorgen das Blut des Empfängers mit der DNS des Spenders, und da das eigene Knochenmark versagt hat, verbleibt wenig oder nichts von der eigenen DNS. Das könnte in der Tat das Beweismaterial an einem Tatort verfälschen.

Für gewitzte Kriminelle gibt es einfachere Möglichkeiten, die Polizei in die Irre zu führen. Falls vorhanden, könnten sie

Blutproben anderer Leute am Tatort anbringen. Oder sie könnten, um eine blutähnliche Spur zu erzeugen, die roten Blutkörperchen eines unbekannten Spenders mit DNS vermischen, die sie aus dem Haar jener Person gewonnen haben, die sie belasten wollen.

Sich an irgendeinem öffentlichen Ort einen Aschenbecher mit Zigarettenkippen zu besorgen und die am Tatort zu hinterlassen, wäre die simpelste Möglichkeit, falsche DNS-Spuren auszulegen.

Ian Flitcroft
Mater Misericordiae Hospital
Dublin, Irland

Eine komplette Transfusion, bei der 100 Prozent des Blutes ersetzt würden, ist nicht möglich. Selbst bei einem Blutaustausch, der bei manchen kranken Neugeborenen durchgeführt wird, können nur 60 Prozent des Patientenbluts entnommen werden. Daher würde der Fragesteller auch nach einem Blutaustausch noch seine eigene DNS in einem Blutfleck hinterlassen.

Interessanter ist die Frage, ob solch ein Blutfleck kurz nach der Transfusion auch die DNS des Spenders enthalten würde. Wahrscheinlich nicht. Natürlich stammt etwas Blut des Blutflecks vom Spender, aber rote Blutkörperchen haben keinen Zellkern.

Weiße Blutkörperchen, die DNS enthalten, überleben nicht, wenn sie auf 4° C – die Standardtemperatur zur Lagerung von roten Blutkörperchen – heruntergekühlt werden. Also sind die wenigen weißen Blutkörperchen in der Transfusionslösung nahezu alle tot zum Zeitpunkt der Übertragung. Die Überreste und andere, die vielleicht wundersamerweise überlebt haben, werden vom Empfänger als fremd erkannt und vernichtet.

Am Tag nach einer Transfusion würden also weder tote noch lebende weiße Spender-Blutkörperchen zirkulieren.

Nicolas Slater
Chef-Hämatologe
London, UK

Kalter Bauch

Warum erscheint mir, wenn ich ins Meer wate oder im Freibad ins Becken steige, das Wasser immer am kältesten, wenn es meine Magengrube erreicht?

Marion Hurden
Banstead, Surrey, UK

Wenn wir Wärme oder Kälte verspüren, nehmen wir in Wirklichkeit den Temperaturunterschied zwischen uns selbst und einem anderen Objekt wahr.

Nehmen Sie drei Eimer und füllen Sie einen mit eiskaltem, den nächsten mit lauwarmem und den dritten mit heißem (aber nicht kochendem) Wasser. Halten Sie nun gleichzeitig die linke Hand in das kalte Wasser und die rechte in das heiße. Belassen Sie sie für 30 Sekunden dort, danach halten Sie beide Hände in den Eimer mit lauwarmem Wasser. Ihre kalte linke Hand wird das lauwarme Wasser als heiß und Ihre heiße rechte Hand dasselbe Wasser als kalt empfinden.

Was die Leserin mit ihrem Szenario eigentlich beschreibt, ist, dass der Temperaturunterschied zwischen Magen und Meer größer ist als der zwischen Beinen und Meer. Die Frage lautet mithin: »Warum ist die Magengegend bei einem Menschen wärmer als seine Beine?«

Ich nehme an, der Unterschied kommt von der Wärme, die Magen und Darm beim Verdauen entwickeln, ein Prozess, der auch lange nach einer Mahlzeit noch andauert. Das würde zu einem lokalen Anstieg der Hauttemperatur im Magenbereich führen und bewirken, dass sich das Meer am kältesten anfühlt, wenn es bis zu dieser Höhe reicht.

Oonagh Griffith
Lisburn, County Antrim, UK

Zwei Faktoren kommen zum Tragen, wenn wir ins Meer laufen. Erstens ist unsere Hauttemperatur niedriger als unsere Kerntemperatur – also die unserer Rumpforgane wie Herz, Leber, Magen. Und um Körperwärme abzubauen, zirkuliert daher bei uns warmes Blut durch die kühle Haut.

Zweitens sind unsere Gliedmaßen normalerweise kühler als unser Rumpf, weil wir einen gegenläufigen Wärmeaustauscher besitzen, um den Verlust an Körperwärme zu beschränken. Die Arterien, die eine Gliedmaße versorgen, verlaufen dicht neben den Venen, die von ihr wegführen. Warmes Arterienblut wird durch Venenblut gekühlt, das auf dem Weg zurück zum Herzen ist. Das bedeutet, dass unsere Hände und Füße fast immer kühler als die Haut unseres Rumpfes sind.

Beide Faktoren haben zur Folge, dass der Unterschied zwischen Haut- und Wassertemperatur größer wird, wenn man tiefer eintaucht. Bei Badeanzugträgern ist die Magengrube sogar noch wärmer als bei Nudisten. Und je größer der Unterschied ist, desto unangenehmer ist das Gefühl.

Peter Bursztyn
Barrie, Ontario, Kanada

Mehrere unserer männlichen Korrespondenten führen an, dass der Schock am unangenehmsten ist, wenn das kalte Wasser die Hoden erreicht. Das ist merkwürdig, denn diese sind kühler als der Bauch, der Temperaturunterschied zwischen ihnen und Meer ist also geringer. Allerdings sind Sexualorgane reichlich mit Empfindungsnerven ausgestattet – demnach ist der Temperaturunterschied wohl nicht der einzige Grund. – Red.

Abfallbeseitigung

Die Exkremente von Säuglingen, die nur Muttermilch bekommen, scheinen ziemlich geruchlos zu sein, aber wenn man zu Anfangsmilch übergeht, bekommt man auch den berüchtigten Babywindelgestank. Welche Zutat in der Anfangsmilch ist verantwortlich für dieses, hm, interessante Phänomen?

Tolu Akinola
Texas, USA

Die Proteine (vor allem Laktalbumin) und das Fett in der Muttermilch können von Säuglingen leichter verdaut werden als die Proteine (vor allem Kasein) in Kuhmilch, was das Ausscheidungsprodukt wahrscheinlich weniger stark riechen lässt. Gleichzeitig hat Muttermilch auch eine abführende Wirkung, so dass gestillte Säuglinge häufig besonders produktiv beim Füllen ihrer Windeln sind – ein interessanter Ausgleich.

Wenn Sie meinen, die Windeln mit Anfangsmilch ernährter Säuglinge wären schlimm, dann sollten wir uns wieder sprechen, wenn Sie ein mit Fleisch gefüttertes Kleinkind vor sich haben. Mein Mann und ich veranstalten ausgeklügelte Spielchen, um nicht die Windel unserer Tochter wechseln zu müssen – wir tun so, als würden wir nichts riechen, haben ganz wichtige andere Aufgaben zu erledigen, schlafen scheinbar und so weiter.

Verglichen mit der eines Kleinkinds riecht eine Säuglingswindel wunderbar, egal ob es sich bei der Nahrung um Mutter- oder Anfangsmilch handelt.

Rebecca Rose
Bunya, Queensland, Australien

Als frischgebackene Mutter habe ich mir diese Frage damals auch gestellt. Ich habe meine Tochter gestillt, und ihre Windeln gehörten zur kaum stinkenden Sorte, während sich Mütter in meiner Krabbelgruppe, die ihren Kindern Anfangsmilch gaben, über den »Gestank« der Windeln beklagten, die sie wechseln mussten.

Folgendes habe ich dabei herausgefunden (wobei das meiste aus dem Wissensfundus meiner Schwiegermutter stammt, die Stillberaterin ist):

Die Evolution hat menschliche Säuglinge hervorgebracht, die Muttermilch optimal verwerten können. Zudem passt sich die Muttermilch dem Alter des Kindes an und verändert sich während des ersten Jahres im Lauf des Tages, der Wochen und Monate ständig.

Die meiste Anfangsmilch basiert auf Kuhmilch und unterscheidet sich deshalb in vielerlei Hinsicht von Muttermilch. Sie enthält viel mehr und verschiedene Proteine, Fette und Spurenelemente wie Aluminium, Mangan, Cadmium und Eisen.

Während Muttermilch tatsächlich auf die Bedürfnisse und das Alter eines einzigen Säuglings zugeschnitten ist, muss Anfangsmilch dem Durchschnitt angepasst und einer Vielzahl von Kindern unterschiedlichen Alters dienlich sein. So bekommt beispielsweise ein eine Woche altes Kind dieselben Nährstoffe wie eines im Alter von 12 Monaten. Das führt dazu, dass viel mehr von den Proteinen und den Fetten ausgeschieden und nicht vom Körper absorbiert wird. Ein weiterer Faktor ist der hohe Eisengehalt der Anfangsmilch (ein Grund, warum Säuglinge, die Anfangsmilch bekommen, häufig unter Verstopfung leiden). Da das Eisen in Anfangsmilch schlecht absorbiert wird, müssen große Mengen in ihr enthalten sein, von denen das meiste wieder ausgeschieden wird.

Säuglinge, die gestillt werden, absorbieren nahezu 100 Prozent ihrer Nahrung – und haben selten Verstopfung. Ihre Exkremente bestehen größtenteils aus Wasser und enthalten sehr wenig Proteine, Fette und Spurenelemente. Die überschüssigen Fette, Proteine und Nährstoffe in der Anfangsmilch, die der Säugling nicht absorbieren kann, sind die Ursache für die stärker stinkenden Fäkalien von Babys, die nicht gestillt werden.

Jo Resnick
Rockville, Maryland, USA

Abnehmender Einsatz

Vorhin bin ich auf einen Hügel gestiegen, auf dem ich früher schweißgebadet und außer Atem gestanden habe. Heute, erheblich fitter und etwas leichter, musste ich mich viel weniger anstrengen. Wenn also zwei Personen mit dem gleichen Gewicht, aber unterschiedlichen Fitnessgraden mit der gleichen Geschwindigkeit auf denselben Hügel steigen, verbrennt die fittere Person dann weniger Kalorien?

Eleanor Stanton
Auckland, Neuseeland

Den Gesetzen der Thermodynamik kann niemand entkommen, auch nicht die menschlichen Muskel-Skelett- und Kreislauf-Systeme. Für ein bestimmtes Maß an Arbeit, sei es Gehen und Laufen in der Ebene oder auf einen Hügel zu steigen, ist die Menge der aufgewendeten Energie bei Individuen gleichen Gewichts dieselbe, solange ihre mechanische und metabolische Effizienz ähnlich ist (mehr dazu später). Für identische Mengen an Arbeit werden identische Mengen an Energie benötigt, und deshalb verbrauchen fitte und untrainierte Personen für dieselbe Aufgabe dieselbe Menge an Kalorien (oder Joule, in SI-Einheiten) – wiederum, wenn sie dieselbe mechanische und metabolische Effizienz aufweisen.

Beim Gehen und Laufen ist das schwer zu beweisen, denn der Stil ist von Bedeutung. Fittere Personen haben häufig einen ökonomischen Bewegungsstil, der die Effizienz ein wenig steigert: Weltmeister laufen kaum mit wiegenden Hüften, rotierendem Kopf oder fuchtelnden Armen (obwohl manche mit sehr merkwürdigen Haltungen gewinnen, wie etwa der 200-Meter-Weltrekordler Michael Johnson, der sich beim Laufen fast zurücklehnte). Doch bei genaueren Untersuchungen mit trainierten und untrainierten Personen zeigte sich, dass auf Ergometern die Arbeitseffizienz identisch ist (*Journal of Physiology*, Bd. 451, S. 669).

Das legt den Schluss nahe, dass biomechanische, kardiovaskuläre und metabolische Anpassungen, die mit zunehmender physischer Anstrengung erfolgen – mit anderen Worten: Training, um fitter für die Belastung zu werden –, die Leistungsfähigkeit erhöhen, aber nicht die Effizienz. Das soll nicht heißen, dass Effizienz unerheblich für die körperliche Leistung ist, aber die zugrunde liegenden Charakteristika sind wohl im Großen und Ganzen eher genetisch bestimmt als durch Training erworben.

In der oben erwähnten Studie zeigen Martin Mogensen vom Institut für Sportwissenschaft und klinische Biomechanik der Süddänischen Universität in Odense und seine Kollegen auf, dass die effizientesten Personen – durchtrainierte wie untrainierte – einen höheren Anteil einer Muskelfaser in den Beinen besaßen, die als Fast-Twitch Typ 2 bezeichnet wird. Die Langstrecken-Weltrekordler aus Ostafrika scheinen darüber hinaus noch einen mechanischen Vorteil zu besitzen, weil bei ihnen der Wadenmuskel dichter am Knie liegt, so dass die Oberschenkel weniger Arbeit aufbringen müssen, um den Unterschenkel zu bewegen. Diese Faktoren, welche die individuelle Effizienz erhöhen, sind im Wesentlichen durch unsere Gene bestimmt. Es kann sogar sein, dass die Fähigkeit, die Leistungsfähigkeit durch Training zu verbessern, selbst zum Teil genetisch festgelegt ist.

Michael Rennie
Professor für Klinische Physiologie
University of Nottingham, UK

Um zwei gleich große Massen über eine bestimmte Entfernung bergauf zu bewegen, ist für jede Masse dieselbe Menge an Energie nötig, aber das Szenarium ist komplexer, als diese einfache Analyse nahelegt. Auf Zellebene beträgt die Effizienz bei der Umwandlung von Nahrungssubstraten in mechanische Energie der Skelettmuskulatur etwa 30 Prozent und ist bei normalem Sauerstoff-Stoffwechsel größtenteils unabhängig vom Maß der Fitness.

Allerdings wird eine weniger durchtrainierte Person eine niedrigere anaerobe Schwelle (AeS) haben, die beim Bergauflaufen überschritten werden könnte. Jenseits dieses Punktes fällt die Effizienz der Substrat-Energieausbeute bei der untrainierten Person stetig, so dass der Gesamtkalorienverbrauch in diesem Fall höher sein wird.

Hinzu kommt: Selbst wenn die Körpergewichte identisch sind, weist die untrainierte Person einen größeren Fettanteil auf, und eine gewisse Energiemenge wird mit der Pendelbewegung dieses toten Gewichts in den Beinen wie im übrigen Körper verbraucht. Die Fragestellerin dürfte deshalb ein Stück weit von ihrer angeführten Gewichtsreduktion profitieren.

Das regelmäßige Besteigen des Hügels stellt eine Form von Training dar, das die AeS der Leserin angehoben haben dürfte, so dass ihre AeS nun über der Arbeitslast liegt, die für das Hügelbesteigen mit dem üblichen Tempo aufgewendet werden muss. Arbeitslast, die unter der individuellen AeS liegt, wird auch über längere Zeiträume gut vertragen, während die jenseits der AeS unerträglich und mit Schmerzempfindungen verbunden ist, die all denen, die sich überanstrengt haben, in unguter Erinnerung sind.

Mark Colson
Highton, Victoria, Australien

Jungbrunnen

Im 16. Jahrhundert soll die ungarische Gräfin Erzébet Báthory im Blut junger Mädchen gebadet haben, um die ewige Jugend zu erlangen. In jüngerer Zeit haben wir erfahren, dass die Telomere unserer Chromosomen mit den Jahren kürzer werden und dies etwas mit dem Alterungsprozess zu tun hat. Auch wenn ich nicht vorhabe, Báthorys erbärmlichen Sadismus zu entschuldigen: Könnte es, wenn man Blut von einem Kind nimmt, es 50 Jahre lang unter idealen Bedingungen aufbewahrt und dann dem erwachsenen Körper wieder zuführt, irgendeine positive Wirkung haben?

Barbara Robson
Ainslie, Australian Capital Territory, Australien

Eigentlich handelt es sich hier um zwei verschiedene Fragen. Die erste lautet: Was sind die Ursachen der Alterung? Das Kürzerwerden der Telomere ist eine der Theorien, aber damit lässt sich die Alterung allein nicht erklären, denn viele Tiere wie der Fadenwurm altern und sterben ohne überhaupt eine Zellteilung zu haben. Im Gegensatz dazu können Krebszellen letztlich unsterblich sein. Sie machen Tausende von Zellteilungen durch, ohne irgendetwas von ihrer Stärke einzubüßen. Die Alterung ist ein komplexes Zusammenspiel vieler verschiedener Phänomene, darunter ein allmählicher Rückgang der Mitochondrien-Funktionen aufgrund oxidativer Belastung und die Zunahme missgebildeter Proteine aufgrund von Transskriptionsfehlern und zunehmenden DNS-Schäden.

Die zweite Frage ist, ob eine Transfusion funktionieren würde. Hier lautet die Antwort nein. »Altes« Blut mit »jungem« aufzufüllen würde keinen der Abläufe in den Zellen, die zur Alterung führen, abmildern. Das Resultat wäre mit hoher Wahrscheinlichkeit sogar negativ: Die betroffene Person würde sehr bald nach der Transfusion krank, weil dem ausgetauschten Blut die Antikörper fehlen, die das Individuum in den vergangenen 50 Jahren aufgebaut hat. In der Folge könnten Keime, die vor der Transfusion kein Problem darstellten, mit dem frischen Blut, das durch den Körper zirkuliert, plötzlich ein neues und leichtes Opfer vorfinden.

Allan Lees
Leiter der Informationstechnologie, Buck Institute for Age Research
Novato, Kalifornien, USA

Selbst wenn wir wüssten, welche Rolle das Kürzerwerden der Telomere bei der Alterung spielt, könnte eine Telomer-Transfusion kaum Abhilfe schaffen. Telomere sind sich ständig wiederholende Sequenzen von Basenpaaren, die als Puffer an den Chromosomenenden fungieren. In den somatischen Zellen (jenen generellen Zellen, die unseren Körper bilden und zu denen Gameten und junge Stammzellen nicht zählen) verkürzen sich die Telomere bei der Teilung – eine Verkürzung, die in Gameten genetisch wichtiges Material kosten würde.

Zellen mit langen Telomeren versuchen nicht, andere Zellen zu schützen, die ihre eigenen Telomere verloren haben. Jedes Telomer agiert nur am eigenen Ende seines eigenen Chromosoms in seiner eigenen Zelle.

In Gameten wie Oozyten und Spermatogonien verschafft ein spezielles Enzym namens Telomerase den Telomeren eine gute Ausgangslänge. Dieser Prozess hält mindestens bis in die frühen Stadien der Embryoentwicklung an und bleibt in manchen Arten von Stammzellen bestehen. Insbesondere ist die Mehrzahl der Blutzellen kurzlebig, so dass sie ständig Nachschub durch Stammzellen aus Milz, Knochenmark und so weiter benötigen. Dies bedeutet, dass eine tiefgefrorene Eigentransfusion dieser Bestandteile als Ersatz für die Stammzellen bestimmten lebenswichtigen Gewebes in späteren Jahren dienen kann, aber eine Bluttransfusion könnte das nicht. Eine Stimulation der Telomerase-Produktion könnte vielleicht besser funktionieren, wäre aber auch riskant, weil auf diese Weise manche Tumore überleben.

Frank Horseman
Brüssel, Belgien

Fußschweiß

Wenn ich eine längere Strecke gelaufen bin, fange ich erst direkt danach stark zu schwitzen an. Andere Läufer, mit denen ich gesprochen habe, berichten dasselbe. Warum ist das so?

Milan Harbin
Bratislava, Slowakei

Wenn Schweiß verdunstet, bildet sich eine Schicht gesättigter Luft in Hautnähe, die eine weitere Verdunstung verhindert. Beim Laufen ersetzt die relative Luftbewegung die gesättigte durch frische Luft und ermöglicht so weitere Verdunstung.

Jedes Gramm Schweiß, das verdunstet, nimmt 2260 Joule an Körperwärme weg. Wenn Sie aufhören zu laufen, baut sich die Schicht gesättigter Luft auf und der Schweiß verdunstet nicht. Daher haben Sie den Eindruck, Sie würden plötzlich stark zu schwitzen beginnen. Außerdem steigt dadurch die Hauttemperatur an – wodurch Sie noch ein wenig mehr schwitzen.

Den Beweis finden Sie, wenn Sie an einem windigen Tag aufhören zu laufen und feststellen, dass das Phänomen nicht auftritt.

Shane Maloney
School of Biomedical and Chemical Science
University of Western Australia, Perth, Australien

In Wirklichkeit schwitzen Sie bald nachdem Sie zu laufen begonnen haben, nämlich wenn Ihre Muskeln ihre Belastungsroutine gefunden haben und Sie mehr Energie als in Ruhe verbrauchen. Was Sie verspüren, ist der Wind-Chill-Effekt Ihrer eigenen Bewegung: Der Luftzug, der über Ihre Haut und durch die Kleidung streicht, transportiert die Feuchtigkeit vom Körper weg, ehe sie akkumulieren kann. Tragen Sie einmal einen kleinen Rucksack oder kleben Sie ein Stückchen Frischhaltefolie auf Ihre Brust. An dieser Stelle – und nirgendwo sonst – wird sich schon nach kurzer Laufzeit Schweiß sammeln.

Wenn Sie aufhören zu laufen, müssen Ihre Muskeln noch überschüssige Wärme abführen. Dies und der geringere Luftzug auf Ihrem Körper bewirken, dass sich Schweiß auf der Haut sammelt. Wenn Sie langsam auslaufen statt abrupt zu stoppen, ist es gut möglich, dass der Schweißaufbau komplett ausbleibt.

Die relative Luftfeuchtigkeit und die Umgebungstemperatur haben gleichfalls einen großen Einfluss auf die Schweißmenge. Bei hohen Temperaturen und hoher Luftfeuchtigkeit sind Sie verschwitzter als bei kühlerer und weniger feuchter Umgebung. Vergleichen Sie einmal die Schweißmengen, wenn Sie an einem sonnigen Tag kurz nach einem Regenguss durch den Wald und an einem kühleren, windigen Tag durch offenes Gelände laufen.

Dave Banks
Wellington, Neuseeland

Neben der Verdunstungskälte kommt hier ein zweiter, weniger ausgeprägter Effekt zum Tragen: Wenn man die Bewegung beendet, hören die Muskeln auf zu arbeiten und Wärme zu erzeugen, aber der »Thermostat« des Körpers ist immer noch auf eine höhere Temperatur eingestellt. Während er allmählich auf die Ruhestellung zurückgeht, produziert der Körper weiterhin Schweiß, um sich abzukühlen.

David Gibson
Leeds, West Yorkshire, UK

Grausame Welt

Wissenschaftler haben evolutionäre Gründe für viele Verhaltensweisen nachgewiesen, etwa für Altruismus und Eifersucht. Doch über die Jahrtausende hinweg waren Menschen unglaublich und grundlos grausam zueinander. Der evolutionäre Vorteil von Grausamkeit liegt nicht auf der Hand. Welche biologische Basis gibt es dafür beim Menschen?

Brian Kavanagh
Maidstone, Kent, UK

Es mag sein, dass kein evolutionärer Vorteil besteht, jedenfalls inzwischen nicht mehr. Es ist eher wahrscheinlich, dass es sich um einen Atavismus handelt. Evolutionsgeschichtlich ist es noch nicht so lange her, dass wir als Jäger und Sammler in kleinen Gruppen gelebt haben. Tatsächlich gibt es noch viele solcher Gruppen, beispielsweise in den Resten der tropischen Regenwälder.

Zu mehreren ist man sicherer, und in solchen Gemeinschaften kann sich jedes Mitglied auf das spezialisieren, was es besonders gut kann, weil sichergestellt ist, dass andere wesentliche Aufgaben von Kameraden übernommen werden. Doch wie liebevoll und fürsorglich die Mitglieder auch innerhalb der Gruppe miteinander umgehen, gegenüber jeder anderen Gruppe, die um Land und Nahrungsmittel konkurriert, besteht offene Feindseligkeit. Die Neandertaler (*Homo neanderthalensis*) waren eine solche Gruppe, die seinerzeit den Menschen (*Homo sapiens*) in einem derartigen Konflikt unterlagen. Allerdings erscheint es mir unangemessen anthropomorph, im evolutionären Kontext von Grausamkeit zu sprechen – auch wenn es um menschliches Verhalten geht.

Homo sapiens entwickelte sich parallel zu den anderen Menschenaffen, die ähnliches »grausames« Verhalten zeigen. Selbst innerhalb der eigenen Gruppe agieren Menschenaffen nicht unbedingt liebevoll und fürsorglich. Trotzdem genießen sie die Vorteile des Gruppenlebens wie größere Sicherheit und Aufgabenteilung. Jäger und Sammler müssen ihr Revier abstecken und verteidigen, um zu überleben. Andere Gruppen stellen logischerweise eine Existenzbedrohung dar. Eine Affengruppe hat ihre Hierarchie, daher gefährdet ein Konflikt zwischen zwei Gruppen nicht allein das Überleben, sondern auch die Dominanz der Männer in einer bestimmten Gruppe. Der Konflikt wird gelöst, indem entweder die rivalisierende Gruppe vertrieben wird oder alle ihre Männer getötet und die Frauen und Jungen der eigenen Gruppe einverleibt werden. Jene Gruppe, die den Konflikt gewinnt, ist aus Sicht der Evolution offenkundig die angepasstere. Das ist es, worum es letztlich geht, Grausamkeit hin oder her.

Der moderne Mensch verhält sich auf ähnliche Weise. Selbst heute ist zu beobachten, wie leicht Menschen, die zu der einen Gruppe gehören, zu überzeugen sind, Menschen aus einer anderen Gruppe seien Untermenschen oder minderwertig, so dass man sie gnadenlos ausrotten kann. Das gilt selbst dann, wenn es bei dem Konflikt um den Glauben und nicht um beschränkte Ressourcen geht.

Amerika wurde vor nicht allzu langer Zeit von Europäern kolonisiert, die die eingeborenen Amerikaner vertrieben und alle töteten, die Widerstand leisteten. Hitlers Motive im Zweiten Weltkrieg waren dieselben. Er träumte von einem Großdeutschland, das sich bis zum Ural erstrecken und in dem die »höher stehende« arische Rasse gedeihen sollte. Der Prozess wiederholt sich mit großer Regelmäßigkeit, in allerjüngster Zeit auf dem Balkan und in Darfur.

Terence Hollingworth
Blagnac, Frankreich

Die Antwort ist mit einem Wort zu geben: Macht. Lassen wir die Frauen mal beiseite. Nur sehr wenige Frauen, wenn überhaupt welche, haben ein solches Maß an Grausamkeit wie Nero und Caligula oder auch Saddam Hussein erreicht. Das Möchtegern-Alphamännchen muss jegliche Opposition niedertrampeln, muss Angst erzeugen, um an der Macht zu bleiben, und muss genügend loyale Kumpel um sich scharen. Dann hat es Zugang zu einer großen Zahl Frauen, den kostbarsten materiellen Gütern und Leckerbissen und verschafft sich die höchstmögliche Zahl gesunder Nachkommen. Zu weiteren Methoden des grausamen Alphamännchens kann es gehören, den Nachwuchs der Rivalen zu dezimieren, der mit den eigenen Kindern konkurrieren könnte.

Valerie Moyses
Bloxham, Oxfordshire, UK

Die letzte Briefschreiberin will Frauen bei der Herleitung von unglaublicher und grundloser Grausamkeit als menschlicher Eigenschaft ausschließen. In der Geschichte exzessiven und drastischen Verhaltens spielten Frauen keine sonderlich dominante Rolle – vielleicht, weil sie selten in der Position waren, es auszuleben. Sind sie es, kommt es zu Ausnahmen wie die ungarische Serienmörderin Erzébet Báthory im 16. Jahrhundert (siehe »Jungbrunnen«, S. 93) oder jenen Frauen im alten Rom, die derselben Familie entstammten wie ihre Rollenvorbilder Nero und Caligula.

In der heutigen Welt können Möchtegern-Alphaweibchen genauso viel oder mehr Bosheit entwickeln wie Angehörige des männlichen Geschlechts. Als Grundschullehrerin muss ich mich auch mit Schikanieren beschäftigen. In 40 Jahren bin ich nur wenigen männlichen Tyrannen (im Gegensatz zu Jungen, die gelegentlich schikanieren) begegnet. Weibliches Schikanieren ist weit üblicher, schwieriger zu unterbinden und verursacht wesentlich dauerhaftere, wenn auch weniger deutlich sichtbare Schäden. »Du kannst meine Freundin sein, wenn du versprichst, nie wieder ein Wort mit ihr zu wechseln«, lautet der Ansatz bei Mädchen.

Ich habe einmal die Anhängerinnen gefragt, wieso sie mit einem Mädchen befreundet sein wollten, das verlangt hatte, eine andere Freundin fallenzulassen. Darauf hatten sie keine Antwort und waren erstaunt, dass ich das fragte, und noch mehr, dass ich mir deshalb Sorgen machte. Mädchen, die von anderen Mädchen schikaniert werden, sind ausgeschlossen, fühlen sich minderwertig und sind schon zum Selbstmord getrieben worden. Hinsichtlich der Schaffung von Grausamkeiten kann Frauen die Komplizenschaft nicht abgesprochen werden.

Ich weiß nicht, wieso Grausamkeit als Wesenszug fortbesteht, aber ich weiß, warum Willfährigkeit weiterlebt. Das eigene Überleben hängt davon ab, nicht aus der zentralen Gruppe ausgestoßen zu werden. Solange dieser Wesenszug vorhanden ist, gibt es auch Bienenköniginnen.

Penelope Stanford
Greenhithe, Kent, UK

Verborgenes Reservoir

Kann der Körper irgendwo außerhalb der Blase Flüssigkeit speichern? In den meisten Nächten wache ich nach genau vier Stunden Schlaf auf, um meine Blase zu entleeren. Aber gelegentlich, wenn ich den ganzen Tag zuvor nicht auf der Toilette war, muss ich statt einmal drei- oder viermal aufstehen. Es ist klar, dass sich der Urin während des Tages angesammelt hat, aber er befand sich nicht in meiner Blase, ehe ich zu Bett ging. Wo war er also?

Virginia Love
Ormond, Victoria, Australien

Kann der Körper irgendwo außerhalb der Blase Flüssigkeit speichern? Ja, den Ort gibt es, und wenn man länger darüber nachdenkt, ist die Antwort einfach – es ist die Blutbahn. Sind die Nieren mit einer Blase konfrontiert, die den ganzen Tag nicht geleert wurde und voll ist, reduzieren sie die Urinproduktion. Wenn die Blase dann geleert wird, nehmen sie die Arbeit auf, um die richtige Elektrolyten-Balance im Blut wiederherzustellen, und die Blase ist bald wieder voll.

Die Nierentätigkeit wird zum Teil auch von der inneren Uhr bestimmt, so dass nachts weniger Urin produziert wird. Die meisten Menschen urinieren mehrmals am Tag und müssen nicht raus, wenn sie schlafen. Wenn man den Zyklus umkehrt, indem man um die halbe Welt fliegt, muss man den ganzen Tag über nicht pinkeln, aber nachts mehre Male aufstehen. Das ist zweifellos ein antrainiertes Verhalten, und die Fragestellerin hat ihren Körper offenbar auf den umgekehrten Zyklus – mehr Urin in der Nacht zu produzieren – geeicht, weil das ihrem Lebensstil oder den Anforderungen ihres Berufs besser entspricht.

Guy Cox
Zellbiologe
University of Sydney, Australien

Eine Antwort lautet, dass die Flüssigkeit in den Beinen und Füßen zu finden ist. Patienten mit jedweder Form von Herzschwäche oder Nierenerkrankungen wissen das nur zu gut. Die Flüssigkeit sammelt sich tagsüber in den Beinen, und sobald der Körper in der Horizontalen ist, tritt sie wieder in die Zirkulation ein und wandert über die Nieren direkt in die Blase.

Man muss nicht krank sein, um diese Beobachtung zu machen. Überlegen Sie einmal, warum Sie nach einem Langstreckenflug bereits auf die Toilette müssen, wenn Sie gerade erst vor dem Zoll Schlange stehen. Bei längerer Untätigkeit sammelt sich extrazelluläre Flüssigkeit in Ihrer unteren Hälfte. Deshalb ist es auch schwierig, am Ende des Flugs die Schuhe wieder zuzubinden. Wenn dann die Beinmuskeln die zusätzliche Flüssigkeit zurück an den üblichen Ort pumpen, muss man alsbald auf die Toilette.

Michael Carette
Cairns, Queensland, Australien

Ein 70 Kilogramm schwerer Mensch besteht zu 65 Prozent aus Wasser. In diesem Fall sind das ungefähr 45 Liter. Das meiste davon befindet sich innerhalb der Billionen von Körperzellen. Eine kleinere Menge umgibt diese Zellen und eine noch geringere Menge zirkuliert als Plasma. Gewichtsschwankungen über Stunden, Tage und Wochen zeugen von der Fähigkeit des Körpers, diese Menge zu verändern. Ringe, die manchmal zu klein sind, Beine, die am Ende des Tages schmerzen, und zu enge Schuhe beweisen gleichfalls die Bewegung der Flüssigkeit.

Um die Frage zu beantworten: Das Wasser ist überall im Körper, und es ist eine ziemliche Menge. Urin ist nur die Flüssigkeit, die sich aufgrund der Nierentätigkeit in der Blase befindet. Das Bedürfnis zu urinieren, wird von bloß 200 bis 300 Millilitern Urin in der Blase ausgelöst.

Isst man viel Salz, wird die Flüssigkeit verstärkt zurückgehalten und der Blutdruck kann steigen. Mehrere komplexe Hormone wie das Antidiuretische Hormon und Aldosteron spielen eine wichtige Rolle bei diesem Prozess der Flüssigkeitsausbalancierung. Auch Östrogen gehört dazu; es bewirkt eine Gewichtszunahme während bestimmter Teile des Menstruationszyklus.

In der Nacht verlangsamt sich die Nierentätigkeit und ermöglicht den meisten von uns (aber nicht der Fragestellerin) einen ungestörten Schlaf. Während dieser Zeit nimmt auch die Spannkraft der Blase ab, so dass sie mehr Flüssigkeit aufnehmen kann.

John Curran
Beverley, East Yorkshire, UK

Was knackt da?

Bedauerlicherweise habe ich die Angewohnheit, meine Finger knacken zu lassen. Ich habe irgendwo gelesen, dass das harmlos ist, aber so ganz überzeugt bin ich davon nicht. Könnte es auf lange Sicht doch schaden? Wenn ja, warum?

Alex Cowley
Worthing, West Essex, UK

Es gibt zwei Theorien, was das »Popp« bewirkt, das man beim Fingerknacken hört. Am weitesten verbreitet ist die Meinung, dass Gasbläschen in den Kapseln der Mittelhand- und Fingergelenke die Auslöser sind. Die Bläschen bilden sich, wenn diese Gelenke gedehnt werden – ein Vorgang, der als Kavitation bezeichnet wird – und fallen zusammen, wenn sich der Druck im Gelenk ändert. Die Energie, die dabei freigesetzt wird, wird auf 0,07 Millijoule pro Kubikmillimeter geschätzt. Um dem Gelenk Schaden zuzufügen, müsste dieser Wert auf etwa 1 Millijoule pro Kubikmillimeter ansteigen. Kumulative Schäden durch das Knacken lassen sich in jedem Fall ausschließen.

Die zweite Theorie besagt, das Geräusch stamme von der plötzlichen Verformung der sehnigen Gelenkkapsel selbst und das Popp sei der plötzliche Schlag auf die Flüssigkeit darin. Das könnte ein Mikrotrauma bewirken, das über die Jahre hinweg kumulieren kann.

Ungeachtet der Theorien gibt es keine Beweise, dass Fingerknacken Arthritis bewirkt: Eine Untersuchung von Fingerknackern brachte keinen höheren Arthritisanteil zutage als bei Nichtfingerknackern. Ein amerikanischer Arzt ging so weit, 50 Jahre lang nur mit den Fingern einer Hand zu knacken, um herauszufinden, ob es einen Unterschied bei den beiden Händen geben würde – es gab ihn nicht.

Natürlich kann die Dehnung der Gelenke, die nötig ist, um das Knacken überhaupt auszulösen, vielleicht ein akutes Trauma bewirken, aber man muss doch zugeben, dass es so befriedigend ist, nicht wahr?

David Fransworth
Shipley, West Yorkshire, UK

Das Geräusch stammt von einer Blase gasförmigen Stickstoffs, die sich im Gelenk bildet. Dies geschieht aufgrund des Druckabfalls, der eintritt, wenn das Gelenk ins Extrem seiner Bewegungsfähigkeit gedehnt wird. Nach dem »Popp« ist die Gelenkkapsel kurzfristig vergrößert, wodurch auch die neuronale Aktivität in den propriozeptiven Rezeptoren des Gelenks zunimmt. Diese Signale werden über die lokale Nervenwurzel verbreitet. Die verstärkte neuronale Aktivität hemmt Schmerzsignale von kleineren Nervenfasern im selben Dermatom – dem Hautbereich, der von derselben Nervenwurzel versorgt wird.

Die einzige bekannte Auswirkung wiederholten Gelenkknackens betrifft die Wirbelsäule und macht sich mit Schwund im Portemonnaie des Patienten bemerkbar: Die Wirbelsäulenbehandlungen der Chiropraktiker sind darauf ausgelegt, das Geräusch zu erzeugen, und bieten kurzfristig eine Erleichterung. Doch später, wenn die Symptome erneut auftreten (wahrscheinlich wenn das Gas wieder absorbiert ist), nimmt eine regelmäßige Behandlung ihren Anfang.

Don L. Jewett
Professor emer. für orthopädische Chirurgie, University of California
San Francisco, USA

Wahrscheinlich stimmen einige Chiropraktiker nicht mit dieser Ansicht überein. Die Adresse unserer Website finden Sie in der Einleitung. – Red.

Jahresringe zählen

Der Vater meiner Partnerin wurde in Kamerun geboren, ehe verlässliche Standesamtsregister geführt wurden. Er würde gern wissen, wie alt er tastsächlich ist. Gibt es eine Möglichkeit, das genaue Alter eines lebenden Menschen zu bestimmen?

Peter White
Cardiff, UK

Die Alterseinschätzung ist ein wachsendes Betätigungsfeld der Forensiker: Für Individuen, die möglicherweise wirklich nicht wissen, wie alt sie sind, ist sie häufig bei Asylanträgen oder der Anerkennung als Flüchtling nötig. Dabei wird von den Praktikern erwartet, das Alter so genau wie irgend möglich zu ermitteln, denn für den Einzelnen kann es von großem Vorteil sein, einer bestimmten Altersgruppe zugeordnet zu werden.

Die Kluft zwischen tatsächlichem Alter und »biologischem Alter« ist in der Jugend am geringsten. Wir können das Alter eines Kindes auf wenige Jahre genau bestimmen, aber selbst da ist das nicht absolut genau, denn Umwelt- und genetische Faktoren haben immer Einfluss auf den Alterungsprozess des Körpers. Bei älteren Menschen ist die Einschätzung wesentlich schwieriger und weist eine höhere Fehlerbandbreite auf.

Alle Einschätzungen sollten mit einer psychologischen Beurteilung beginnen, um herauszufinden, welche Erinnerungen die Individuen beitragen können und an welchen Ereignissen sie vielleicht beteiligt waren. Solche Informationen ermöglichen es dem Sachverständigen, dem Individuum eine gewisse Altersklasse zuzuweisen. Jenseits davon müssen wir uns auf Knochen und Zähne verlassen. Die Alterseinschätzung der Zähne ist nur bei Jugendlichen hilfreich, weniger bei älteren Menschen. Die Beurteilung des Skeletts bedingt Röntgenuntersuchungen (was manchmal zu ethischen Problemen führt). Ideal sind eine Radiografie im Liegen oder CT-Bilder.

Bei älteren Menschen eignet sich eine Kombination mehrerer Faktoren am besten, um sich ein Bild von ihrem Alter zu machen. Hilfreich können hier sein: der Schließungsgrad der Schädelnähte, Abnutzungserscheinungen wie Osteoarthritis oder der Verknöcherungsgrad kartilaginärer Strukturen, beispielsweise der Rippenknorpel, die dem Thorax Elastizität verleihen, Veränderungen des Kehlkopfs und der Schamfuge, selbst das Ausmaß an Knochenabbau.

Bei einem Erwachsenen genügt keines dieser Merkmale allein, um das Alter verlässlich zu bestimmen, aber der multifaktorielle Ansatz zusammen mit dem Wissen um Veränderungen bei einer bestimmten Bevölkerung kann eine gute Schätzung ermöglichen.

Sue Black
College of Life Sciences
University of Dundee, UK

Bis zum Alter von etwa 60 Jahren kann man das Alter eines lebenden Menschen mit relativer Sicherheit bestimmen, danach wird die Schätzung ungenauer.

Es gibt Tabellen, wann welche Zähne des Milch- wie des Dauergebisses durchbrechen. Beispielsweise erscheint der erste Molar des Dauergebisses mit etwa 6 Jahren, der zweite mit 12 Jahren, und das Vorhandensein aller vier Weisheitszähne bedeutet normalerweise, dass der Mensch mindestens 18 Jahre alt ist. Die Kalzifikation der Zahnwurzeln lässt gleichfalls eine grobe Altersschätzung zu. Doch während die Zahndurchbrüche äußerlich per Inaugenscheinnahme zu ermitteln sind, ist für den Grad der Kalzifikation eine Röntgenaufnahme nötig. Sind alle Zahnwurzeln kalzifiziert, ist die betreffende Person älter als 25 Jahre.

Es gibt noch zwei weitere Methoden anhand von Zähnen. Die eine sind Boydes Inkrementlinien – Streifen im Zahnschmelz, die sich mit dem Alter verändern –, die andere Gustafsons Darlegung, die sechs altersbedingte Zahnmerkmale bewertet. Beide sind für eine Altersbeurteilung bis etwa 60 Jahre hilfreich.

Röntgenaufnahmen des Handgelenks bei Kindern, von Ellenbogen und Knie bei Erwachsenen sowie Schädel und Wirbel bei älteren Menschen verraten gleichfalls etwas über das Alter, denn es gibt genaue Tabellen zur altersbedingten Ossifikation – der Verhärtung der Knochenenden –, die verschiedene Rassen, Ernährungsgewohnheiten und geografische Faktoren berücksichtigen. Röntgenbilder von Schulter, Hüfte, Knöchel und Becken ermöglichen eine noch genauere Jahreszahl.

Bei Menschen im Alter zwischen 25 und 60 Jahren kann man die Nähte der Schädelknochen und die Bandscheiben ins Visier nehmen. In Verbindung mit Gewicht und Größe, die als die am wenigsten verlässlichen Faktoren gelten, ergibt sich dann ein guter Hinweis auf das Alter.

Jenseits der 60 kann man zwar die Augen auf grauen Star und Hornhauttrübungen untersuchen und nach grauen Haaren Ausschau halten, aber es ist doch sehr schwierig, eine präzise Altersangabe zu machen.

Vivek Jain
Gujarat, Indien

Fingerfertigkeitsdilemma

Warum sind manche Menschen Linkshänder und andere Rechtshänder?

Leila Gabasowa (12 Jahre)
Moskau, Russland

Die einfache Antwort lautet: Weil sie die Gene für Rechts- beziehungsweise Linkshändigkeit geerbt haben. Das ist der Grund, warum die Händigkeit in Familien oft gleich ist und dieselbe Händigkeit bei eineiigen Zwillingen wahrscheinlicher als bei zweieiigen ist. Allerdings sind die Gene, die dafür verantwortlich sind, ein wenig merkwürdig, denn das eine führt zu Rechtshändigkeit, das andere beeinflusst die Händigkeit per Zufall. Daher können eineiige Zwillinge mit letzterem Gen unterschiedliche Händigkeit aufweisen.

Die Gene sind nur die unmittelbare Ursache für die Händigkeit. In sehr seltenen Fällen können »biologischer Lärm« während der Entwicklung oder Hirn- und Armverletzungen die Gene überstimmen und »pathologische Händigkeit« erzeugen.

Warum von allen Tieren nur die Menschen zu 90 Prozent Rechtshänder sind, ist eine andere Frage, deren Antwort vor 2 Millionen Jahren zu finden ist. Zu diesem Zeitpunkt wurde das menschliche Gehirn asymmetrisch und die neurale Ausstattung für schnelle genaue Bewegungen zum Sprechen und für die Fingerfertigkeit der linken Hirnhälfte zugeordnet. Warum es die linke Hälfte wurde, ist unklar.

Eine weitere Frage ist, warum manche Menschen Linkshänder sind. Da lautet die Antwort, dass es Vorteile bringen muss, Gene für Linkshändigkeit zu besitzen – nur sind diese bislang noch nicht entdeckt worden. Und schließlich: Warum sind nicht alle Tiere beidhändig? Höchstwahrscheinlich, weil sich eine Spezialisierung auszahlt – werden alle Tätigkeiten mit nur einer Hand ausgeführt, wird diese Hand geschickter als eine, der nur die Hälfte der Übungszeit zukommt.

Chris McManus
Professor für Psychologie und Medizinausbildung
University College London, UK

Chris McManus ist der Autor des Buches *Right Hand, Left Hand,* das 2002 bei Weidenfeld & Nicolson erschienen ist. – Red.

Es ist nicht ganz richtig, wenn der erste Briefschreiber sagt, dass es Vorteile bringen muss, Gene für Linkshändigkeit zu besitzen. Sicher ist es doch nur wichtig, dass die Gene für Linkshändigkeit in einem bestimmten Umfeld keine Nachteile bringen, oder?

Kevin Donaldson
York, UK

Der vorherige Briefschreiber hat recht. Und genau genommen geht er nicht weit genug: Selbst wenn Linkshändigkeit einen Nachteil bringt, gibt es alle möglichen Gründe für genetische Varianten, die dem Fortbestand der Linkshändigkeit den Vorzug geben. Diese Varianten schützen vielleicht vor einer Krankheit oder bieten einen anderen Vorteil, der nichts mit Linkshändigkeit zu tun hat, oder befinden sich bloß neben einer anderen, höchst vorteilhaften genetischen Variante. Außerdem können neue Mutationen, die Linkshändigkeit unterstützen, schneller auftauchen, als sie die natürliche Auswahl wieder aus Populationen ausmerzen kann (die menschliche Evolution ist nicht sehr wirkungsvoll). Zudem könnte Linkshändigkeit mit der Zahl der Genkopien verbunden sein und nicht mit einer bestimmten Variante und so weiter …

Alex Bentley
Leeds, West Yorkshire, UK

Speck der mittleren Jahre

Wieso nimmt unser Körperfett mit zunehmendem Alter gleichfalls zu und – noch wichtiger – warum ist es so viel schwieriger, es loszuwerden?

Andy Gravelius
London, UK

Hierzu trägt eine Reihe von Faktoren bei. Mit dem Alter nimmt unsere Neigung zu aktiver Betätigung ab, außerdem verringert sich jenseits der 20 unser Ruhestoffwechsel um etwa 3 Prozent pro Dekade, so dass unser Körper länger und länger mit derselben Menge Nahrung auskommt. Als wäre das nicht genug, benötigen wir auch, je älter wir werden, immer weniger Energie zum Verdauen und Verarbeiten dieser Nahrung.

Zudem gibt es hormonelle Veränderungen, die den Fettansatz begünstigen. Der Rückgang des Wachstumshormons und des Testosterons tragen zur vermehrten Fetteinlagerung bei. Außerdem reagieren wir schwächer auf die Hormone der Schilddrüse, die den Lipid- und Kohlenhydratstoffwechsel anregen, sowie möglicherweise auf Leptin, das den Appetit zügelt.

Ein weiterer Faktor ist die allmähliche Verringerung der Körpergröße und des Gewichts von Muskelmasse und Organen. Die Neurologen Anatole Dekaban und Doris Sadowsky haben beispielsweise eine progressive Abnahme des Gehirngewichts ab einem Alter von 45 Jahren festgestellt.

Die meisten von uns gleichen diese Faktoren nicht mit einer Reduzierung der aufgenommenen Energiemenge aus, also nehmen sie zu. Ein Artikel, der dies detailreicher darlegt, ist 2005 im *American Journal of Clinical Nutrition* (Bd. 82, S. 923) erschienen.

Betrachtet man das Zusammenspiel dieser Faktoren, wird auch klar, warum es uns mit zunehmendem Alter schwerer fällt, Übergewicht wieder loszuwerden: Unser Körper hat sich gegen uns verschworen.

Doch wenn wir die Energiezufuhr verringern und unsere aktive Betätigung erhöhen – insbesondere Aktivitäten, die Muskelmasse aufbauen –, haben wir bessere Chancen abzunehmen oder zumindest das Gewicht zu halten.

Cathy Watson
Per E-Mail, ohne Ortsangabe

Viele physiologische Details hinsichtlich unseres Fettgewebes sind noch nicht genau bekannt. Sicher ist aber, dass die Fettgewebe erheblich variieren, so dass manche Menschen mehr Probleme mit ihren Wampen haben als andere.

Ein Grund dafür ist, dass die evolutionäre Auslese in jüngerer Zeit unterschiedliche Muster für die Fettanreicherung beim Erwachsenen begünstigt hat. In kalten Klimazonen benötigen Bären wie Menschen Speckschichten, die in den Tropen tödlich wären. Im Gegensatz dazu sammelt sich bei Eingeborenen mit intermittierender Nahrungszufuhr in heißen Klimazonen das Fett an Bauch, Gesäß und außen am Oberschenkel, genau wie Kamele auf dem Rücken Fett speichern.

Zwischen dem Fett von Babys und Erwachsenen gibt es beim Menschen funktionale Unterschiede. Das »braune Fett« der Neugeborenen ist eine spezielle Form des Fettgewebes und verhindert Hypothermie, und der Babyspeck der Kleinen kann rasch für Wachstum und Bewegungsdrang zur Verfügung stehen. Die Rettungsringe der Erwachsenen sind für die Fortpflanzung, schlechte Zeiten und Hunger da. Strategisch angelegte Vorräte zu schnell zu erschöpfen, wäre dumm.

Vergessen Sie also nicht: Das vorhandene Fett dient einem Zweck und sollte deshalb nicht leichtfertig aufgegeben werden. Es ist für die Speicherung, Umwandlung und Aktivierung von Energie verantwortlich, es hat bei Fortpflanzung wie

Stoffwechsel komplexe endokrine Funktionen, und es unterscheidet sich erheblich sowohl zwischen Bevölkerungen als auch zwischen Individuen. Solch ein wunderbares Organ der Anorexie wie der Obesität zu opfern, wäre wirklich obszön.

Jon Richfield
Somerset West, Südafrika

Wenn man einräumt, dass die Menopause bei Frauen einen evolutionären Vorteil bedeutet, weil sie der Großmutter Zeit verschafft, sich um ihre Enkelkinder zu kümmern, dann fällt es auch nicht schwer, sich vorzustellen, dass Großeltern Körperfett benötigen, das sie über Wasser hält, wenn die Nahrung knapp und eine Energiereserve nötig wird.

Dies ist der Fall, weil in früheren Gesellschaften die stärkeren Eltern die Nahrungsverteilung bestimmten und die Alten als Letzte in der Familie zu essen bekamen. Ist dieses evolutionäre Argument richtig, erklärt sich damit auch, warum die Stoffwechselmechanismen so effizient Fett speichern, wenn wir älter werden, und warum es andererseits so schwierig ist, sich diesem Wandel entgegenzustemmen.

Dasselbe evolutionäre Argument passt auch zu dem Muster von Schlaf und Wachsein bei Älteren. Sie halten tagsüber ihr Nickerchen, wenn andere Wache stehen, und schlafen nachts nicht, um das Feuer zu hüten oder nach Feinden Ausschau zu halten.

Don L. Jewett
University of California
San Francisco, USA

4 Gesundheit!

Rausblasen

Zur Zeit habe ich eine Erkältung. Nachdem ich meine Nase zum wie mir scheint millionsten Mal geputzt habe, frage ich mich, wie viel Schleim die Nase bei einer durchschnittlichen Erkältung produziert und ob dessen Herausblasen einen merklichen Gewichtsverlust bedeutet?

Nick Brown
Neuseeland

Im Durchschnitt produziert die normale Nase 240 Milliliter (etwa eine Tasse voll) Schleim pro Tag. Während einer Erkältung ist die Menge größer. Der meiste Schleim, der produziert wird, fließt normalerweise durch die Kehle ab und wird im Körper verwertet. Bei einer Infektion ist die Nasenpassage verengt, so dass der innere Weg für den Schleim verstopft ist und er durch die Nasenlöcher abfließt.

Auch andere Faktoren verstärken den Schleimfluss, beispielsweise übermäßige Tränenbildung. Sie können in die Nasenpassage laufen und sich dort mit dem Schleim vermischen. Diese Flüssigkeiten werden aufgrund normaler Abläufe im Körper produziert, und ihr Verlust oder ihre Zunahme wird durch die Aufnahme beziehungsweise Ausscheidung von Wasser ausgeglichen.

Saifuddin Ahmad
Basingstoke, Hampshire, UK

Die Bezeichnung »durchschnittliche Erkältung« ist wenig aussagekräftig, denn je nach Virus und Opfer unterscheiden sich Erkältungen erheblich. Die wichtigsten Schnupfenviren, die vom Immunsystem aufgehalten worden sind, befinden sich auf Dauer in Ihren Zellen. Später kann eine gesundheitliche Schwächung oder eine Infektion wie Grippe alte Erkältungen im Gewand neuer Krankheiten wieder aufflammen lassen. Die Unterschiede bei Menge und Struktur des Rotzes, der dabei auftritt, sind erstaunlich.

Die wenige Flüssigkeit, die eine gesunde Nasenhöhle produziert, läuft normalerweise – solange weder Tränen fließen noch Zwiebelduft oder irgendwelche Allergene in der Luft liegen – beim Schlucken durch den Pharynx. Im Lauf eines Tages kann eine leichte Erkältung schon ein paar Milliliter Rotz fürs Naseputzen hervorbringen. Schwere Erkältungen, die den Taschentuchgebrauch zwanzigmal pro Stunde für vielleicht jeweils 2 bis 10 Milliliter nötig machen, können uns sogar 200 Milliliter in der Stunde abverlangen, so dass man trinken muss, um den Flüssigkeitsverlust auszugleichen.

Normalerweise verlangsamt sich der Schleimfluss nachts, aber eine wirklich starke Sekretion kann dazu führen, dass man im Sitzen schlafen muss, wenn man Schleim und Speichel nicht schlucken will.

Jon Richfield
Somerset West, Südafrika

Schmutziges Geld?

Können Viren und Bakterien über Münzen und Geldscheine, die ja durch so viele Hände wandern, weitergegeben werden? Wie groß ist die Wahrscheinlichkeit, sich durch Geld etwas Unangenehmes einzufangen? Mit welchen Krankheiten kann ich mich möglicherweise anstecken? Und eine letzte Frage: Wie viele Erreger befinden sich durchschnittlich auf Münzen und Banknoten?

Michaela Lanzarotti
Pesaro, Italien

Die Übertragung von Mikroorganismen kann grundsätzlich durch alle Gegenstände erfolgen, auf denen sie sich befinden. Wie viele von Münzen und Geldscheinen übertragen werden, hängt von mehreren Faktoren ab, etwa der Zahl der vorhandenen Keime und ihrer Überlebensfähigkeit in einer derart trockenen Umgebung, wo viele absterben.

Bedeutsam ist auch die Form des Kontakts. Es macht einen Unterschied, ob jemand verunreinigtes Geld berührt, und so die Keime auf die Hand übertragen werden, oder mit Hilfe eines Geldscheins Drogen aufsaugt. Letzteres ist ohne Frage eine sehr direkte Form, Keime in die Nasenwege zu befördern.

Auch die Zahl der jeweiligen Viren oder Bakterien, die nötig sind, um eine Erkrankung auszulösen, ist von Belang. Bei Viren kann sie 100 000 und mehr aber auch nur 10 betragen. Ein weiterer Faktor ist, ob die Keime, die vom Geld übertragen wurden, leicht in jenen Körperbereich vordringen können, wo sie sich vermehren können.

Bei einer mikrobiologischen Untersuchung von Geld, die vor Kurzem in den Niederlanden durchgeführt wurde, hat man festgestellt, dass Münzen bis zu 1000 und Geldscheine einige Millionen Bakterien aufweisen können. Natürlich hängt das vom Material ab. Münzen beherbergen normalerweise wenige Mikroorganismen, und das kann auch für manche Materialien zutreffen, die bei der Papiergeldherstellung verwendet werden. Darüber, welche Viren vorhanden sind, gibt es kaum verlässliche Daten, aber vielleicht erfahren wir bald mehr zum Thema.

Rijkelt Beumer
Universität Wageningen
Niederlande

Schweizer Wissenschaftler haben mittlerweile nachgewiesen, dass Viren auf Banknoten überleben können: Sie tröpfelten Grippeviren samt menschlichem Nasenschleim auf die Scheine, und die Viren blieben bis zu 17 Tage lebensfähig (siehe auch www.newscientist.com/channel/health/dn12116). – Red.

Stichezählen

Warum stechen Mücken bestimmte Menschen und andere nicht? Ich reise derzeit zusammen mit meiner Freundin durch Asien. Anscheinend werde ich überhaupt nicht gestochen, während sie ohne Ende Mückenstiche hat. Wir schlafen im selben Bett, essen nahezu dasselbe, und keiner von uns benutzt parfümierte Produkte.

Matthew Hedley
Per E-Mail, ohne Ortsangabe

Sind Sie sicher, dass bei Ihnen nicht einfach nur die sichtbare Reaktion auf Mückenstiche ausbleibt? Manche Menschen reagieren kaum darauf, so dass eine verlässliche Zählung der Stiche nicht möglich ist.

Attraktivität für Mücken geht einher mit Fettleibigkeit, männlichem Geschlecht, Temperatur und Schweiß, doch individuelle Unterschiede hinsichtlich Schweißzusammensetzung und Hautbakterien haben ungeahnte Auswirkungen. Es heißt, Mücken bevorzugen bestimmte Blutgruppen, aber darüber, um welche es sich handelt, wenn überhaupt, wird mehr gestritten als dass Beweise vorliegen. Ähnliches gilt zur Frage, welchen Einfluss die Ernährung hat.

Am besten gesichert sind die Anziehungskräfte von Milchsäure, Kohlendioxid, Wärme, bestimmten Fettsäuren und anderen Komponenten des Schweißes und seiner bakteriellen Zersetzungsprodukte. Limburger Käse und ungewaschene Socken sind berüchtigte und üppige Quellen solcher Ingredienzien.

Es gibt Kosmetika, die Mücken effizient abwehren oder genauer gesagt der Anziehung entgegenwirken, weil sie die Sinne der Mücke verwirren.

Avram Sherwin
Toronto, Ontario, Kanada

Es stimmt, dass wir alle ein ganzes Bukett natürlicher Substanzen produzieren, von denen manche stechende Insekten anziehen. Einige wenige Individuen haben aber das Glück, ein Aroma zu verströmen, das die anziehenden Substanzen verbirgt, so dass diese Menschen nicht gestochen werden, weil die Mücken sie nicht aufspüren können. James Logan und John Pickett vom Rothamsted-Research-Zentrum im englischen Hertfordshire haben die menschlichen Substanzen bestimmt, die die Blutsauger fernhalten, und sind dabei, auf der Basis dieser Bestandteile ein Mittel zur Mückenabwehr zu entwickeln.

Dass manche Individuen weniger anziehend für blutsaugende Insekten sind als andere, war den Wissenschaftlern erstmals aufgefallen als sie bemerkten, wie sich manche Gruppen von Kühen der Fliegen kaum erwehren konnten, während andere unbehelligt grasten. Picketts Team folgerte, die Tiere in der unbehelligten Herde röchen für Fliegen weniger attraktiv, und untersuchte die chemischen Profile der Kühe. Dabei stellte man fest, dass von bestimmten Tieren spezifische chemische Signale ausgingen und diese glücklichen Kühe für die Fliegen uninteressant waren.

Logan fand heraus, dass auch Menschen eindeutige chemische Signaturen aufweisen. Er ließ Gelbfiebermücken (*Aedes aegypti*) durch eine y-förmige Röhre fliegen, in einen Arm leitete er den Handgeruch Freiwilliger ein. Während manche Substanzen die Mücken anzogen, wehrten andere sie ab, so dass sie durch den für sie angenehmeren Röhrenarm flogen. Mittlerweile hat Logan die Substanzen bestimmt, auf die Insekten reagieren. Er brachte winzige Sensoren an den Fühlern der weiblichen Mücken an und beobachtete die Reaktionen. Es stellte sich heraus, dass nur wenige Menschen die Tarnsubstanzen produzieren, die Mücken uninteressant finden.

Yfke van Bergen
Manchester, UK

Pusteln

Warum bleibt eine Narbe zurück, wenn man den Schorf von Windpocken abkratzt, aber nicht bei normalem Wundschorf?

Thomas Oxhey
Hull, East Yorkshire, UK

Die Narbe, die abgefallener Windpockenschorf hinterlässt, kann nahezu unsichtbar sein, aber je mehr man an den Pusteln kratzt, desto schlimmer wird die Narbe.

Die Heilung jeder sauberen Wunde beginnt mit der Bildung stützenden Gewebes, um den Schaden einzugrenzen. Danach passt das Narbengewebe seine Struktur der Funktion an. Bei kleinen, sauberen Verletzungen mit glatten Rändern kann sich das Narbengewebe so gut einfügen, dass man das zurückbleibende Mal kaum erkennen kann. Doch auf größeren Wunden kann sich das Gewebe nicht so glatt bilden, so dass auffälligere Narben die Folge sind, die Jahre brauchen, bis sie geschrumpft sind oder sogar plastische Chirurgie nötig machen.

Greift man etwa durch Kratzen in die Narbenbildung ein, erschwert man den Prozess. Wenn das Gewebe infiziert ist – wie mit den in der Frage genannten Windpockenviren –, beeinträchtigen die Erreger nicht nur das Gewebewachstum, sondern ziehen auch Leukozyten an, die Eiter bilden können. Lässt man sie in Ruhe, töten gesunde Leukozyten zuverlässig sowohl die Erreger als auch das infizierte Gewebe ab; sie isolieren die Pusteln, bis sie ausgetrocknet sind und abfallen, so dass sich anschließend sauberes Narbengewebe bilden kann. Stört man hingegen den Prozess durch Kratzen, verschiebt sich die Pustelstruktur, mehr Gewebe wird den Schäden durch die Erreger und Leukozytenfraß ausgesetzt und eine größere und unansehnlichere Narbe bleibt zurück.

Jon Richfield
Somerset West, Südafrika

Langlebige Viren

Zahllose Viren verkürzen unser Leben oder töten uns. Gibt es irgendwelche Viren, die unser Leben verlängern? Eigentlich sollte es ja im Interesse des Virus liegen, seinen Wirt am Leben zu erhalten und für die größtmögliche Vermehrung anderer Wirte zu sorgen. Wenn solche Viren nicht existieren, wo liegt der Fehler bei meiner Überlegung?

Graham Lundegaard
Gloucester, UK

Unabhängig davon, welche Vorteile ein Wirt, der lange lebt, einem Virus bringt, ist es nicht sicher, ob der Wirt Mechanismen besitzt, die Langlebigkeit fördern und die das Virus verwerten kann. Außerdem muss die Langlebigkeit des Wirts nicht unbedingt ein Vorteil sein. Was im Interesse des Virus ist, hängt von der Struktur seines Lebenszyklus ab: Manche Viren werden nur durch den Tod des Wirts freigesetzt. Manche Parasiten zwingen ihren Wirt sogar, andere potentielle Wirte anzugreifen oder sich töten und fressen zu lassen, damit die Parasiten (ob Viren oder andere) weitergereicht werden.

Andererseits sind viele der Keime, die auf oder in den Körpern aller Tiere (und somit auch der Menschen) leben – nämlich unsere normale Mikroflora –, nicht bloß parasitär, sondern üben wichtige Schutz-, Reiz- und Ernährungsfunktionen aus. In gewisser Hinsicht kann dies als Lebensverlängerung gesehen werden, denn ihre Entfernung würde heftige, möglicherweise tödliche Auswirkungen haben. Besondere Beispiele dafür sind die endosymbiontischen Mykorrhizapilze bei Orchideen und die Mitochondrien in unseren Zellen. Ohne sie könnten weder Orchideen noch Menschen überleben.

Peter Christin
Amsterdam, Niederlande

Eine Denkschule vertritt die Meinung, dass die Entwicklung aller Parasiten auf den Punkt zuläuft, wo sie nurmehr harmlose Bewohner ihres Wirts sind und das Alter einer Spezies von ihrer Virulenz (dem Ausmaß des Schadens für den Wirt) abgeleitet werden kann. Ist der Schaden unerheblich, kann die Spezies ziemlich oft als alte betrachtet werden. Allerdings wird diese Ansicht zunehmend als falsch betrachtet.

Gehört die Gefährdung des Wirtslebens zu einer Strategie, die mit höherer Wahrscheinlichkeit zu einer Virenübertragung führt, dann ist diese Strategie möglicherweise nicht, wie der Fragesteller meint, kontraproduktiv. Der erwünschte Grad von Virulenz eines Virus hängt von seinem Verhältnis zur Übertragung ab. Beispielsweise kann eine Diarrhö töten, aber das eröffnet auch exzellente Verbreitungswege.

Und was Viren angeht, die das Leben verlängern, sollte festgehalten werden, dass manche Viren offenbar in die Chromosomen ihres Wirts integriert worden sind und deshalb vererbt werden. Vermutlich verleihen sie dem Wirt einen Überlebensvorteil oder richten zumindest keinen Schaden an.

Paul Dollin
Droitwich, Worcestershire, UK

Manchmal ist es im Interesse von Viren, ihren Wirt lange genug am Leben zu erhalten, um seine Zellfunktionen für die eigene Fortpflanzung zu nutzen und sich über den Kontakt des Wirts mit potentiellen anderen Wirten zu verbreiten. So verlor etwa das Myxomatosevirus, mit dem australische Kaninchen absichtlich infiziert wurden, rasch einiges von seiner Virulenz. Die Kaninchen entwickelten nicht nur eine Immunität, sondern die natürliche Auslese bevorzugte auch Viren, die ihren Wirt nicht so schnell töteten oder am Leben ließen.

Dies ist ein Beispiel für ein Virus, das den Zeitraum verlängert, den der Wirt zum Sterben braucht, ohne dabei seine Langlebigkeit über die eines nicht infizierten Artgenossen zu steigern. Das Hauptziel eines Virus ist, sich so schnell wie möglich so oft wie möglich zu reproduzieren. Dazu übernimmt es die DNS-Reproduktions- und Protein-Synthese-Fähigkeiten der Wirtszelle und bricht dann die Zelle auf, um zahllose Kopien seiner selbst freizusetzen. Das schadet dem Organismus eindeutig. Während also der sofortige Tod des Wirts für ein Virus nicht erstrebenswert sein mag, bleibt der Lebenszyklus von Viren jedoch primär destruktiv und wird dem Wirtstier auf lange Sicht Schaden zufügen.

Johanna Rayner
Parkville, Victoria, Australien

Ich kenne keine Viren, die das menschliche Leben verlängern, aber hier im Plymouth Marine Laboratory erforschen wir ein Riesenvirus, das die Meeresalge *Emiliania huxleyi* befällt. Das Virus mit der Bezeichnung EhV-86 enthält sieben Gene, die an der Biosynthese von Ceramiden beteiligt sind und eine Rolle bei der Kontrolle der Apoptose spielen, einer Form des programmierten Zelltods. Wir glauben, dieses Virus hält seinen Wirt so lange wie möglich gesund, um sich hundert- oder tausendfach zu reproduzieren. Statt in der Wirtszelle zu verbleiben und freigesetzt zu werden, wenn die Zelle am Ende des

Infektionszyklus platzt, dringen die Viren einzeln nacheinander durch die Membran, und die Wirtszelle bleibt gesund und intakt.

Mike Allen
Plymouth Marine Laboratory
Plymouth, UK

Manche Viren werden im Kampf gegen Krebs eingesetzt. Beispielsweise attackieren Forscher der Hebräischen Universität von Jerusalem Hirntumore mit einer Variante des Newcastle-Disease-Virus, das normalerweise Vögel befällt.

Gentechniker benutzen auf ähnliche Weise harmlose Viren, um erwünschte Gene in Zellen zu transportieren. Zum Beispiel haben Forscher Leberzellen mit einem Virus infiziert, um die familiäre Hypercholesterinämie, eine erblich bedingte Krankheit, zu behandeln.

Das Virus bringt ein Schlüsselgen ein, das die Leberzellen zur Produktion eines chemischen Schwamms anregt, der das schädliche Cholesterin reduziert.

Viren zu unserem Nutzen einzusetzen, reicht mindestens bis Ende des 18. Jahrhunderts zurück. Damals entdeckte Edward Jenner, dass Melkerinnen, die mit den relativ harmlosen Kuhpocken infiziert waren, immun gegen die gefährlichen Pocken waren. Dies führte letztlich zur weitverbreiteten Pockenimpfung mit dem eng verwandten Vaccinia-Virus.

Mike Follows
Willenhall, West Midlands, UK

Wasserkur

Im New-Scientist-*Buch* Wie dick muss ich werden, um kugelsicher zu sein? *gibt es eine Frage zum Thema Fußpilz. Ich habe ständig daran gelitten, bis mir mein Vater den Rat gab, beim Duschen auf meine Füße zu pinkeln. Seither hatte ich nie wieder Fußpilz. Wie funktioniert diese »Kur«?*

Tony Male
Cairns, Queensland, Australien

Bei Fußpilz (oder *Tinea pedis*) handelt es sich um eine Infektion der Haut, die von verschiedenen Fadenpilzen ausgelöst wird. Die am weitesten verbreiteten Übeltäter sind Trichophyton, Microsporum und Epidermophyton. Die optimale Temperatur für Fadenpilze beträgt 35° C. Wenn die Haut also feucht und warm bleibt, gedeihen die Fadenwürmer und infizieren Zehennägel und obere Hautschichten, wo sie sich von dem dort vorhandenen Keratin ernähren. Fadenpilze kann man vom Fußboden oder durch Kleidung aufsammeln, und sie können überall auf der Haut leben, aber ohne die richtigen Bedingungen – das warme, feuchte Klima eines bestrumpften Schweißfußes ist ideal – rufen sie keine merkliche Infektion hervor.

Bei den meisten Behandlungsmethoden geht es darum, die Haut trockener zu halten oder Antimykotika aufzutragen, und auf den ersten Blick scheint Urin eine antifungale Wirkung zu haben. Er besteht zwar hauptsächlich aus Wasser, enthält aber auch organische Substanzen wie Harnstoff (Urea), Harnsäure und Kreatinin, die zum Teil antifungal oder antibakteriell wirken. Urea-Salbe wird eingesetzt, um Pilzinfektionen der Nägel zu behandeln, weil sie Proteine in der Epidermis zersetzt.

Doch das Pinkeln unter der Dusche stellt wahrscheinlich keine Kur dar, denn Urin enthält nur rund 18 Prozent Harnstoff – Urea-Salben hingegen mindestens 40 Prozent, um wirksam zu sein –, der zudem mehrere Tage auf der Haut verbleiben müsste. Der Harnstoff in der Salbe macht die Haut weich, so dass das Antimykotikum, das den Pilz abtötet, besser eindringen kann. Die Harnstoffkonzentration in Ihrem Urin ist nicht hoch genug, und wenn Sie beim Duschen pinkeln, wird er auch zu schnell abgewaschen, um eine Wirkung zu entfalten.

Die plausibelste Antwort lautet daher: Da Ihnen bewusst ist, dass Sie auf Ihre Füße gepinkelt haben, spülen und/oder trocknen Sie sie (möglicherweise unwillkürlich) besonders intensiv ab, wobei die abgestorbenen Zellen entfernt werden, von denen sich die Pilze ernähren.

Joe Burgess
Fachbereich für Biochemie, Mikrobiologie und Biotechnologie,
Rhodes University
Grahamstown, Südafrika

Den Stachel nehmen

Jahrelang musste ich stark unter Bremsenbissen leiden, doch kürzlich habe ich herausgefunden, dass die Auswirkungen erheblich und dauerhaft abgemildert werden, wenn ich einen Becher mit heißem Tee an die Stelle halte: Die rote Schwellung geht zurück, und der Juckreiz verschwindet für Stunden. Warum hat Wärme diese Wirkung, und würde dies auch bei Mücken- und Wespenstichen funktionieren?

Kim Russell
North Molton, Devon, UK

Wärmebehandlungen gibt es schon seit langer Zeit, und mittlerweile findet man auch Geräte, um Insektenstiche mit Wärme zu lindern. Aber seien Sie vorsichtig: Manche Gifte können schwere Allergien auslösen und Verletzungen bewirken, zudem besteht immer die Gefahr einer Infektion. Im Zweifelsfall sollten Sie stets einen Arzt konsultieren. – Red.

Wenn man einen Becher mit heißem Tee an die Haut hält, rötet sich diese. Das ist nicht der Fall, weil sie gekocht wird, sondern weil vermehrt Blut in diesen Bereich gelenkt wird, um die Temperaturanomalie zu beseitigen. Der stärkere Blutstrom schwemmt das Gift weg von der Einstichstelle, und es zirkuliert wesentlich verdünnter. Der Körper muss nun nicht mehr so energisch und spürbar wie in der ursprünglichen roten Quaddel gegen das Gift vorgehen.

Michael Strawson
Haywards, Neuseeland

Wenn ein Insekt sticht, spritzt es häufig eine Substanz, die die Blutgerinnung verhindert; der Schmerz und die Rötung kommen hingegen von einem Gift. Bei vielen Insekten sind Gerinnungshemmer oder Gifte thermolabil, so dass sie unter Wärmeeinwirkung zerfallen und unwirksam werden. Es ist gut möglich, dass das Bremsensekret, das zur Reizung führt, gleichfalls thermolabil ist, wenn ein heißer Teebecher an der Bissstelle Quaddel und Juckreiz reduziert. Wahrscheinlich wirkt diese Maßnahme auch bei Mücken- und Wespenstichen.

Mo Laidlaw
Pontiac, Quebec, Kanada

Dieses Phänomen ist bekannt und auf ihm basiert auch die Erste-Hilfe-Maßnahme bei Drachenfisch-Stichen, wo die betroffene Gliedmaße in Wasser getaucht wird, das so heiß ist, wie es das Opfer gerade noch ertragen kann. Wahrscheinlich kommen dabei drei Mechanismen zum Tragen. Erstens zerfällt, wie beim Eierkochen, das Protein im Stich und verliert seine Wirkung. Zweitens wird die Blutzufuhr an dieser Stelle verstärkt und so das Gift schneller aus dem betroffenen Gewebe geschwemmt. Drittens wird bei der Wärmezufuhr die Gate-Control-Theorie wirksam, der zufolge antagonistische sensorische Signale oder Reize den Schmerz auf ähnliche Weise wie das Kratzen den Juckreiz blockieren.

Geoff Sharpe
Derbyhaven, Isle of Man, UK

5 Pflanzen und Tiere

Dicker Brummer

Können Insekten fett werden?

Walt Malker
New York City, USA

Wenn mit fett übergewichtig gemeint ist, lautet die Antwort nein. Alle Insekten machen eine Form der Metamorphose durch, durchlaufen Larvenstadien, ehe sie ausgewachsen sind. Das adulte oder »Imago«-Stadium ist relativ kurz, und sehr oft fressen die Insekten dann gar nicht. Eintagsfliegen (Ordnung Ephemeroptera) und viele Pfauenspinner (Familie Saturniidae) sind Beispiele dafür. Sie haben weder die Zeit noch die Neigung zu fressen und dick zu werden.

Jenen Imagines, die fressen, sind durch ihr starres Ektoskelett Grenzen gesetzt. Sie haben nicht die Möglichkeit, es zu erweitern, um für Fett Platz zu schaffen. Übrigens: Häufig werden Skelette von Totenkopfschwärmern in Bienenstöcken gefunden, die bei dem vergeblichen Versuch, Honig zu fressen, von den Bienen totgestochen wurden. Ihr Rüssel ist zu kurz, um Nektar aus Blumen zu saugen, aber lang genug, um im Stock Honig zu konsumieren, wenn die Bienen das zulassen würden.

Die Larvenstadien sind ähnlichen Einschränkungen unterworfen. Um zu wachsen, müssen sie ihr Ektoskelett von Zeit zu Zeit abwerfen. Der Flüssigkeitsdruck im Inneren sprengt das Ektoskelett, und das Insekt breitet sich in einem neuen aus, das darunter gewachsen ist und lange genug flexibel bleibt, bis der größere Körper untergebracht ist. Das kann es aber nicht beliebig oft tun, jede Art hat eine festgelegte Zahl von Häutungen. Gibt es Nahrung im Überfluss, erfolgen die Häutungen rasch aufeinander, ist wenig Nahrung vorhanden oder ist das Fressen weniger nährstoffreich, dauert es relativ lange, bis das Wachstum abgeschlossen ist. Doch egal wie, sobald die festgelegte Zahl von Häutungen absolviert ist, beginnt die Metamorphose zum Imago-Stadium. Insekten werden nicht dicker und dicker, und manchmal ist das Gegenteil der Fall: Larven, die nicht genug zu fressen finden, beginnen eher mit der Metamorphose und lassen ein oder zwei Häutungen aus. Dabei entwickelt sich eine normale, wenn auch etwas kleinere Imago.

Allerdings speichern Insekten während des Larvenstadiums auch viel Fett. Pfauenspinner sind allgemein recht große Insekten. Da sie als Imagines nicht fressen, müssen sie erhebliche Fettreserven haben, damit Männchen in der Lage sind, ein Weibchen aufzuspüren und zu begatten, und Weibchen, um eine große Menge Eier zu entwickeln und zu legen, während sie ihren Stoffwechsel eine Woche oder länger bedienen. Aber das ist die normale Situation; fettsüchtig sind sie in keiner Weise.

Terence Hollingworth
Blagnac, Frankreich

Die Lebenszyklen von Insekten lassen keine Fettleibigkeit, wie wir sie kennen, zu. Die meisten Arten nehmen zwar so rasch wie möglich die Nahrung zu sich, aber wenn sie genug gefressen haben, gehen sie in ihr nächstes Lebensstadium über oder pflanzen sich fort und sterben. Es gibt zwar Ausnahmen, aber die wenigsten können es sich leisten, zu dick zu werden – alles, was ihre Körperfunktionen beeinträchtigt, verhindert die Fortpflanzung –, also entsorgen sie alles, was sie nicht benötigen, anderweitig. Pflanzensaft saugende Insekten nehmen beispielsweise mit dem Saft viel zu viel Zucker auf, aber statt unnötig dick zu werden, scheiden sie den Überschuss als Honigtau aus oder wandeln ihn zu einer wächsernen Schutzschicht um. Verhindert man mit Hormonen die Reife, werden Insekten zwar möglicherweise größer und fetter, aber sie pflanzen sich nicht fort.

Doch auch gesunde Insekten lagern Fett an. Ihre inneren »Fettkörper« sind spezielle Organe, die für Speicherung, Hormonhaushalt, Stoffwechsel, Wachstum, Überwintern, Energie für die Fortbewegung, Eidotterproduktion und vieles mehr zuständig sind. Entsprechend gelten viele Insekten, etwa Heuschrecken und Termiten, als fettreiche Nahrungsquelle, auch wenn bei ihnen technisch gesehen keine Obesität vorliegt. Möglicherweise wissen Sie aus Fernsehberichten über Termiten, dass sich die Königinnen der meisten Arten riesige Fettspeicher zulegen, um ihrer Rolle als unermüdliche Eierlegemaschinen nachkommen zu können.

Jon Richfield
Somerset West, Südafrika

Zusammen mit meinem Kollegen James Marden habe ich (neben anderen Symptomen) die krankheitsbedingte Obesität einer Libellenart beschrieben. Befallene Libellen können in ihren Flügelmuskeln keine Fettsäuren verstoffwechseln und speichern deshalb Lipide in ihrem Thorax, was zu einem um 26 Prozent höheren Fettgehalt dort führt. Zu den Folgesymptomen dieser Infektion gehören unter anderem verminderte Flug- und Fortpflanzungsfähigkeiten bei den männlichen Libellen (*Proceedings of the National Academy of Sciences*, Bd. 103, S. 18805).

Ruud Schilder
School of Biological Sciences, University of Nebraska
Lincoln, Nebraska, USA

Dörrfisch

Haben Fische Durst?

Jack Bennett
Per E-Mail, ohne Ortsangabe

Ja durchaus, wenigstens einige von ihnen, wenn wir mal das subjektive menschliche Durstgefühl beiseitelassen. Allerdings besteht ein substantieller Unterschied zwischen Fischen im Meer und im Süßwasser, und die Frage nach dem Durst der Haie sollte auch berücksichtigt werden.

Echte Knochenfische oder Teleostei haben in ihrem Körper eine Salzkonzentration, die nicht viel anders ist als die der an Land lebenden Wirbeltiere. Das bedeutet, dass die Teleostei des Meeres in einer Umgebung leben, deren Salzgehalt viel höher ist als der ihres Blutes. Bei ihren Verwandten im Süßwasser ist es genau umgekehrt.

Wasser tendiert immer dazu, durch wasserpermeable organische Membranen wie die, die die meisten Organismen von ihrer Umgebung abschirmen, auf die Seite mit höherem Sättigungsniveau zu fließen – ein Vorgang, der als Osmose bekannt ist. Bei Meeresfischen, deren Salzkonzentration niedriger als die des Ozeans ist, leckt also ständig Wasser durch die Haut – insbesondere durch das dünne und durchlässige Kiemenepithel. Um diese verlorene Flüssigkeit zu ersetzen, müssen Fische im Meer trinken, also kann man durchaus sagen, dass sie Durst haben. Das zusätzliche Salz, das sie mit dem Meerwasser aufnehmen, wird durch besondere Zellen in den Kiemen ausgeschieden.

Bei Süßwasserfischen ist es hingegen unwahrscheinlich, dass sie Durst bekommen. Weil sie in einer Umgebung mit niedrigerem Sättigungsniveau leben, haben sie das umgekehrte Problem: Wasser fließt herein und verdünnt ihr Blut. Im Süßwasser müssen die Fische also überschüssiges Wasser ausscheiden, und das tun sie ähnlich wie wir in Form von wässrigem Urin.

So gesehen bekommen Meeresfische Durst und trinken, während Süßwasserfische das Trinken vermeiden, aber viel pinkeln.

Und nun zu den Haien, Dornhaien und Rochen, die eher Knorpel als Knochen haben und zur Unterklasse der Plattenkiemer oder Elasmobranchii gehören. Mit Ausnahme von einigen wenigen Arten in Süd- und Mittelamerika sind sie gleichfalls Meeresfische. Doch obwohl der Gehalt an anorganischen Salzen in ihrem Blut ähnlich dem der im Salzwasser lebenden Teleostei ist, besteht bei ihnen kein oder nur ein geringer osmotischer Gradient zwischen Blut und Meerwasser. Das ist der Fall, weil sie organische Moleküle zurückhalten, vor allem Urea (Kohlensäurediamid) und Trimethylaminoxid (TMAO). Auf diese Weise vermeiden die smarten Haie einen osmotischen Wasserabfluss aus ihrem Körper und dürften keinen Durst bekommen.

Stefan Nilsson
Professor für Zoophysiologie
Universität Göteborg, Schweden

Wasserscheue Katzen

Alle Katzen mögen wohl Fisch, wieso gehen sie aber nur ungern ins Wasser?

Tom Lorkin
Beckenham, Kent, UK

Ich mag auch gern Fisch, aber man würde mich nie auf einem Trawler und schon gar nicht im Wasser antreffen. Ich kann nämlich, wie die meisten Katzen, einfach nicht gut genug schwimmen, um eine Beute zu machen, die vor mir davonschwimmt. Otter, Robben und andere Wassersäugetiere sowie Reptilien fangen schwimmend Fische, doch das sind nur relativ wenige Arten. Manche Katzen fischen auch, aber das tun sie vom Ufer aus oder indem sie auf Fische in seichtem Wasser springen. Sind die Fischgründe gut, schnappen sich Katzen aller Größen, von der Wildkatze bis zum Jaguar, auch Fische, und die südostasiatische Fischkatze tut das offenbar regelmäßig.

Hinsichtlich der Unlust ins Wasser zu gehen, gibt es von Katze zu Katze erhebliche Unterschiede. Manche mögen es sogar. Mir bot sich einst der zwerchfellerschütternde Anblick eines Dachhasen, der mit dem Schwanz zuerst in ein Schwimmbecken stieg, um ja kein Wasser in die Nase zu bekommen, zur Abkühlung eine Runde schwamm und dann schnell wieder auf den Stufen war. Die als Türkisch Van bekannte Rasse ist berühmt dafür, dass sie im Sommer gern einmal ins Wasser geht.

Jan Rhode
Exeter, Devon, UK

Wenn sie es müssen, können Katzen durchaus schwimmen, aber sie mögen es vielleicht nicht, weil das Wasser ihr Fell beeinträchtigt. Das Katzenfell schützt gleich gut vor Kälte wie vor Hitze, und das ist seinem Aufbau zu verdanken. Wenn das Fell nass wird, saugt es sich voll, und die Katze kann so viel Körperwärme verlieren, dass sie unterkühlt wird. Sie sucht also Schutz bei Regen, doch ein wenig Feuchtigkeit macht ihr nichts aus, denn die äußere Fellschicht ist wasserabweisend, und der Regen perlt einfach ab. Deshalb ist es auch nicht gut, wenn man eine mäßig nasse Katze mit einem Handtuch abtrocknet: Dabei würde die Feuchtigkeit durch die wasserabweisende Schicht auf die eher saugfähigen Haare darunter gelangen. Nur wenn eine Katze wirklich nass ist, kann man sie mit einem Föhn auf niedrigster Stufe trocknen. Doch da die meisten Katzen Angst davor haben, ist es wahrscheinlich am besten, wenn man sie vor den Kamin setzt.

Katzen können auch Fische fangen. Vor 20 Jahren hatten wir in der Familie eine Katze, die regelmäßig Katzenwelse anschleppte. Die Katze sitzt dann am Flussufer, und wenn ein Fisch in Reichweite schwimmt, reißt sie ihn mit ausgefahrenen Krallen heraus und schleudert ihn hinter sich an Land. Dort ist der Fisch hilflos, und die Katze hat ihre Mahlzeit oder Beute.

Charles Stuart
Bath, Somerset, UK

Schneeleoparden, Luchse und andere Arten in den kälteren Zonen meiden Wasser, weil es die Wärmeisolierung ihres Fells beeinträchtigt. Andererseits gehen Löwen, Tiger, Jaguare und andere Arten in heißen Gebieten gern mal zur Abkühlung ins Wasser. Es heißt, die Türkisch Van, die vom ostanatolischen Van-See stammt, habe sich das Schwimmen angewöhnt, um der sengenden Hitze zu entfliehen. Diese schwimmende Katze hat statt des sonst bei Katzen verbreiteten Unterfells Haare mit kaschmirartiger Struktur, die wasserabweisend sind. Die Fischkatze (*Prionailurus viverrinus*) ist bereits einen Schritt weiter: Sie springt ins Wasser, um Fische zu fangen. Außerdem wurde auch beobachtet, dass sich Fischkatzen unter Wasser an Enten heranschleichen.

Eine Türkisch Van kann eine Runde schwimmen und ist doch relativ trocken, wenn sie aus dem Wasser kommt. Die meisten anderen Hauskatzen hingegen hassen Nässe wohl, weil sie dann Stunden brauchen, um ihr Fell wieder in Ordnung zu bringen. Trotzdem begleiten manche Hauskatzen ihre Besitzer mit Freuden unter die Dusche oder spielen mit dem Strahl aus dem Wasserhahn.

Mike Follows
Willenhall, West Midlands, UK

Einmal ist meine Katze rund 100 Meter hinaus zu meinem Fischerboot geschwommen, weil sie wohl Gesellschaft und ein paar Sardinen haben wollte. Ihr Schwimmstil ähnelte dem Paddeln von Hunden. Die Nase hob sie nur zum Atmen über Wasser (ähnlich wie ein Seehund). Ein anderes Mal ist sie, als wir mit einem Netz gefischt haben, hinter dem Netz her geschwommen und hat die Fische darin angegriffen.

Ich nehme an, manche Katzen können schwimmen und andere mögen keinen Fisch.

Richard
Per E-Mail, ohne Ortsangabe

Ladenschluss

Wieso schließen sich manche Blüten nachts? Welchen evolutionären Vorteil hat das, und warum machen sich nur manche Pflanzen diese Mühe?

Craig
Christchurch, Neuseeland

Wenn sich Blüten nachts schließen, schalten sie auf eine Art Stand-by-Modus und schützen ihre anfälligen Fortpflanzungsorgane und Pollen, wenn diese nicht gebraucht werden. So kommen die Pollen nicht mit dem Tau, der sich während der Nacht bildet, in Berührung, sie bleiben trocken und können am nächsten Tag auf vorbeifliegende Insekten gestäubt werden. Manche Blüten bleiben sogar bis weit nach Sonnenaufgang geschlossen und öffnen sich erst, wenn es so warm ist, dass der Tau wieder verdunstet ist.

Das Schließen der Blüte schützt auch vor nächtlicher Kälte und schlechtem Wetter. Manche Pflanzen klappen nicht nur die Blüten selbst, sondern auch die angrenzenden kräftigen Hochblätter (Brakteen) zusammen, um sie vor Pflanzenfressern zu schützen. Die Pollen trocken zu halten und pflanzenfressenden Insekten – samt all den Pilzen und Bakterien, die sie auf sich tragen – den Zugang zu erschweren, bedeutet auch, dass die Pollen nicht so leicht geschädigt werden.

Letztlich minimieren alle derartigen Maßnahmen die Verschwendung von Pollen und die Gefahr, dass die Pflanze Schaden nimmt. Von besonderem Vorteil sind diese für Pflanzen, die in einer stressbehafteten Umgebung mit begrenzten Ressourcen wachsen, wo es schwierig wäre, neue Blüten zu produzieren. Deshalb müssen die existierenden erhalten werden. Arten, deren Entwicklung dazu geführt hat, sich in üppiger Umgebung mit mehr Ressourcen zu bedienen, sind nicht so frugal: Ihre Strategie ist es, wenn nötig neue Blüten zu produzieren, statt die bereits vorhandenen zu erhalten und zu schließen.

Manche Pflanzen haben ihre Blütenbewegungen ausgefallenen ökologischen Bedingungen angepasst. Verschiedene wilde Ananasarten – Mitglieder der Familie der Bromeliengewächse – etwa, die von Fledermäusen bestäubt werden, verfolgen die genau umgekehrte Vorgehensweise als die meisten Blumen. Sie öffnen ihre Blüten nachts und schließen sie am Tag, um sie vor Rüsselkäfern zu schützen, die bei Tageslicht am aktivsten sind.

Der Mechanismus, mit dem Pflanzen ihre Blüten schließen, ist jeweils im Wesentlichen derselbe wie der zum Öffnen, ist aber nicht bei allen Arten gleich. Die der Gattung *Kalanchoe* öffnen die Blüten, indem innen an den Blütenblättern neue Zellen wachsen, die sie nach außen drücken, und an der Außenseite der Blütenblätter wachsen andere, die sie schließen. Bei Enzianen werden die Zellen, die die Blütenblätter bilden, gedehnt und zusammengezogen. Diese Art der Bewegung wird von Genen bestimmt, die aufgrund von Temperaturänderungen oder der Lichtmenge an- und abgeschaltet und von einer inneren Uhr gesteuert werden. Die Gene regulieren die

Zuckermenge im Zellsaft der Blüten; bei höherem Zuckergehalt führt die Osmose dazu, dass Wasser in die Blütenblätter eindringt, Druck ausübt und die Blüte öffnet. Wenn sich diese Blüten schließen, handelt es sich de facto um eine Form des Welkens.

Simon Pierce
Università d'Insubria
Varese, Italien

Es gibt mehrere Gründe für das unterschiedliche Verhalten der einzelnen Blumen. Solche, die lange blühen, öffnen und schließen sich wiederholt, andere hingegen können die Blütenblätter schon nach einem Tag abwerfen.

Langlebige Blüten vieler Arten der Familie *Asteraceae* (Korbblütler) und einige der Gattung *Mesembryanthemum* (was »mittagsblühend« heißt) schützen ihre Gonaden vor nächtlichem Tau oder Frost und öffnen sich in der Sonne. Wenn Sonne, Tau, Frost, Wind oder Insekten die exponierten Fortpflanzungsorgane schädigen können, ist es wohl von Vorteil, die Blüte in der Zeit zu schließen, in der sie wahrscheinlich sowieso keine Bestäuber anlockt. Genauso verströmen Blumen, die von Nachtfaltern befruchtet werden, ihren Duft nur nachts und verschwenden ihn nicht tagsüber.

Manche Blüten öffnen und schließen sich so pünktlich, dass es einst Mode war, regelrechte Blumenuhren anzulegen, indem man die Blumen in die Sektoren eines an ein Zifferblatt gemahnenden Beets pflanzte. Diese Sektoren waren so eingeteilt, dass sich die geöffneten Blüten jeweils an der Position des imaginären Stundenzeigers befanden. Zur entsprechenden Jahreszeit konnte man, wenn alles nach Plan lief, dann die Zeit von seiner Blumenuhr ablesen.

Öffnungszeiten, die sich nicht überlappen, verringern natürlich den Wettstreit um die Bestäuber, und Bienen lernen schnell, sich dann auf die reichhaltigsten Blüten zu konzentrieren, wenn sie gewiss offen sind. Willkürlich eine ganze Reihe von Arten aufzusuchen, wäre für die Biene wie für die Blume weniger effizient und würde die Verschwendung von Pollen auf nicht verwandte Spezies erhöhen.

Jon Richfield
Somerset West, Südafrika

Milchsee

Wie lange bräuchte eine durchschnittliche Milchkuh, um den Grand Canyon zu füllen?

Nicola Stanley
Cambridge, UK

Auf diese Frage sind viele Antworten eingegangen, die von der pedantischen Abhandlung zur Definition der durchschnittlichen Milchkuh bis zur defätistischen Aussage reichten, dass der Gestank der sauren Milch unerträglich wäre. Letztlich haben wir beschlossen, nur die puristischen Antworten zu berücksichtigen, die die Berechnung anhand des Canyon-Volumens und des durchschnittlichen täglichen Ertrags von Milchkühen vornehmen. Eine erstaunlich große Zahl der Korrespondenten kam zu einem ähnlichen Ergebnis wie in der hier abgedruckten ersten Antwort. – Red.

Als Erstes muss natürlich der Colorado River umgeleitet werden, damit er das Ergebnis nicht verfälscht. Zweitens muss der Canyon einen Staudamm bekommen, damit die Milch nicht herausfließen kann. Drittens sind riesige Kühlanlagen nötig – denn wir befinden uns ja in der Wüste –, damit die Milch nicht zu Käse wird. Und schließlich müssen wir den Canyon auch noch hermetisch abdecken, damit keine Flüssigkeit verdunstet.

Nachdem diese Vorbereitungen abgeschlossen sind, karren wir die Durchschnittskuh Daisy heran. In Großbritannien liegt der durchschnittliche Tagesertrag einer Kuh bei 15 bis 20 Litern. Also nehmen wir 17,5 Liter. Der Canyon ist 446 Kilometer lang und im Schnitt 16 Kilometer breit und 1,6 Kilometer tief. Damit haben wir ein Volumen von 10 Millionen Milliarden (10^{16}) Litern. Eine einfache Division sagt uns dann, dass Daisy rund 1,8 Millionen Millionen ($1{,}8 \times 10^{12}$) Jahre brauchen würde, um den Canyon zu füllen. Diese Berechnung geht allerdings von einem rechtwinkligen Canyon-Querschnitt aus; bei einem dreieckigen Querschnitt würde sich die Zeit halbieren.

Doch ich nehme an, Sie wollen nicht dreihundertmal so lange warten wie unser Planet alt ist, bis Ihr Canyon voll ist. Stattdessen könnten Sie die gesamte Milchproduktion der Erde in den Canyon leiten. Das verlangt allerdings eine weitere Investition in die Infrastruktur – in ein Pumpsystem von gigantischen Ausmaßen –, falls Sie sich nicht für Milchpulver entscheiden (was den Transport verbilligen würde), das Sie dann mit Flusswasser wieder verflüssigen. Die Ernährungs- und Landwirtschaftsorganisation der UN (FAO) schätzt die weltweite Milchproduktion des Jahres 2004 auf 504 Millionen Tonnen, was 489 Milliarden Litern und einer Einfüllzeit von nur 20 000 Jahren entspricht – immer noch eine hübsche Langzeitaufgabe.

Jon White
Rampton, Cambridgeshire, UK

Das hängt letztlich ab von der Größe des Tanklasters, für den sich die Kuh entscheidet, der benötigten Fahrzeit vom Punkt der Milchausschüttung, der Fließgeschwindigkeit in und aus dem Tank, der Möglichkeit, die Absorptions- und Verdunstungsquote der Milch zu ändern, sowie der Fähigkeit besagter Kuh, den Ausfluss des Colorado Rivers zu blockieren.

Außerdem muss natürlich berücksichtigt werden, ob die Kuh einen Achtstundentag hat oder rund um die Uhr an sieben Tagen pro Woche arbeitet und ob sie je einen Tag frei hat. Ein Nebenaspekt ist die Frage, welche Entschädigungen die US-Regierung den Milchbauern zahlen wird. Dies alles könnte zu einem neuen Meilenstein für das Reality-TV werden.

Bob Friedhoffer
New York City, USA

Keine toten Papageien

Weltweit gibt es Milliarden Vögel. Warum sieht man selten oder nie einen toten Vogel?

Maurice Boland
radio europe mediterraneo (rem.fm)
Marbella, Spanien

Das Schicksal eines Vogelkadavers oder auch dem eines jeden anderen Tiers hängt vor allem von der Todesart ab. Hat ein Räuber den Vogel getötet, frisst er ihn wahrscheinlich sofort auf, und man bekommt außer einer einsamen Feder nichts zu sehen.

Kranke Tiere verstecken sich im Allgemeinen an einer ruhigen und abgeschiedenen Stelle. Daher befindet sich der Körper eines Vogels, der an Altersschwäche oder einer Krankheit gestorben ist, an einem unzugänglichen Ort, so dass er wahrscheinlich schon von Ameisen und anderen Aasfressern vertilgt worden ist, ehe Sie ihn entdecken können.

Der einzige Fall, der bleibt, und auch der Hauptgrund, warum wir Menschen tote Tiere sehen, ist, dass das Tier von etwas getötet wurde, das kein Interesse hat, es zu fressen. Auf der Hand liegt hier der Straßenverkehr. Allerdings sind die meisten Vögel ziemlich schnell und gewandt, so dass sie weniger häufig überfahren werden als die langsameren Landtiere.

Doch bei einer Fahrt durch das Landesinnere von Queensland sahen meine Eltern kürzlich mehrere tote Keilschwanzadler neben der Straße. Diese majestätischen Vögel, die eine Flügelspannweite von bis zu 2,5 Metern haben, sind leider ziemlich schwerfällig und können nicht so schnell auffliegen. Deshalb werden sie, wenn sie auf einer Landstraße sitzen, sehr oft von Autos getötet.

Ironischerweise hatten die Kadaver anderer von Fahrzeugen getöteter Tiere die Adler angelockt.

Simon Iveson
Cleveland, Queensland, Australien

Auf jeden toten Vogel kommen glücklicherweise zahllose Totengräberkäfer der Familie *Silphidae,* die, angelockt von dem verführerischen Geruch, umgehend auch aus beträchtlicher Entfernung herbeifliegen. Der Kampf um die Leckerbissen ist so hart, dass die Käfer manchmal Milben mitbringen, die sich nach der Ankunft sofort auf dem Kadaver niederlassen und ihn von Schmeißfliegeneiern und schneller fressenden Aasvertilgern säubern (siehe http://bugguide.net/node/view/5957/bgimage). Das verschafft den Totengräbern ein bisschen Zeit, wenn sie unter dem Vogel zu scharren beginnen, so dass dieser alsbald im Boden verschwindet.

Sobald sie einen Kadaver entdeckt haben, paaren sich die Totengräber und bereiten das Nest für ihren Nachwuchs vor: Mit Hilfe von Oral- und Analsekreten formen sie aus dem Fleisch des Vogels eine »Brutmasse« und bewachen sie, so dass die Larven, genügend Futter vorfinden, wenn sie schlüpfen.

Während der frühen Larvenstadien füttern die Eltern ihren Nachwuchs, ähnlich wie Vögel, mit hochgewürgtem Vogelfleisch. Diese Form der elterlichen Brutpflege ist unter nicht geselligen Insekten sehr selten, und Totengräber kümmern sich sogar um ihre Larven, bis sie sich im Boden verpuppen.

Zu diesem Zeitpunkt wird kaum noch etwas von dem Vogel übrig sein.

Maria Fremlin
Essex, UK

In manchen Bereichen trifft man vermehrt auf tote Vögel. Hierzu zählen der Wassersaum von Buchten, Flussmündungen und der Küste – weshalb Beobachter in Sachen Vogelgrippe vor allem hier Ausschau halten – sowie entlang der Straßen, wo Millionen von Vögeln sterben.

Die Überreste werden meist rasch von Aasfressern beseitigt, doch in Gebieten, wo in großer Zahl Wildgeflügel ausgesetzt wird, sind die Straßen oft mit Dutzenden von toten Vögeln übersät. Das ist manchmal ein netter Zugewinn für die Speisekammer, aber man muss doch nach den ökologischen (und vielleicht auch ethischen) Konsequenzen fragen, wenn in jedem Herbst im Vereinigten Königreich über 20 Millionen Fasane und Rothühner von Aufzuchtfarmen freigesetzt werden.

Um ein lehrreiches Beispiel für tote Vögel zu sehen, empfehle ich, die Straßen schottischer Landsitze aufzusuchen.

Ian Francis
Alford, Aberdeenshire, UK

Den falschen Baum angebellt?

Meine vierjährige Tochter hat mich gefragt, ob ihr Hund weiß, dass er ein Hund ist. Ist unserem Haustier klar, dass es anders als wir ist? Hält es uns vielleicht bloß für Hunde mit merkwürdigem Aussehen oder sich selbst für ein besonders beeindruckendes menschliches Wesen?

Celia Denton
Stillington, North Yorkshire, UK

Bei der Frage fällt mir der Kybernetiker Stafford Beer ein, der in den 1970er Jahren im *New Scientist* schrieb: »Mann: ›Guten Tag, mein Junge. Wie heißt dein Hund?‹ Junge: ›Das weiß ich nicht. Aber wir nennen ihn Rover.‹ «

Die Antwort des Jungen zeigt auf, dass er glaubt, sein Hund habe eine geistige Vorstellung seiner selbst (wozu seiner Meinung nach auch ein Name gehört), aber der Mensch sei nicht in der Lage, zur Hundepsyche vorzudringen. Und damit hat er recht. Die kurze, aber unbefriedigende Antwort auf die Frage lautet: Wir wissen nicht, was im Kopf eines Hundes vor sich geht.

Doch wir können einen ganz guten Vorstoß wagen. Erstens: Wenn Individuen verschiedener Spezies interagieren, stellt sich die Frage nach einem Gleich- oder Anderssein einfach nicht. Wenn der winzige Teichrohrsänger tapfer den riesigen Kuckucksnestling füttert, obwohl (für Menschen) nicht zu übersehen ist, dass dieser kein Rohrsänger sein kann, beweist dies, dass der Handlung keine Vorstellung von Rohrsänger- oder Kuckuck-Sein, sondern nur von »Der muss gefüttert werden« zugrunde liegt.

Hunde haben spezifische Reaktionen hinsichtlich Dingen, die Hunde fressen können (etwa Kaninchen), Dingen, die Hunde als Beute betrachten (etwa Löwen), sowie potentiellen Geschlechtspartnern oder Rivalen und Nachwuchs. Abgesehen davon betrachten sie, ähnlich wie Menschen, eine Vielzahl von Kreaturen egal welcher Art als mögliche Sozialpartner oder Freunde. Das ist letztlich der Hauptgrund, warum wir Hunde halten – und Hunde uns tolerieren. Wie beim Menschen bestimmen das Eingehen und Aufrechterhalten sozialer Bindungen auch das Hundeleben. Ich glaube, Ihr Hund betrachtet die kleine Fragestellerin ebenso sehr als seine Freundin wie sie ihn als ihren Freund. Glücklicher Hund, glücklicher Mensch.

Angus Martin
Camberwell, Victoria, Australien

Sobald sie Augen und Ohren geöffnet haben, im Alter von etwa zwei Wochen, beginnt bei allen Kaniden die Entwicklung der sozialen Beziehungen. Während der kritischen Phase zwischen der zweiten und 16. Woche erlernen Welpen die sozialen Regeln, die ihr Verhalten für den Rest ihres Lebens bestimmen. Dazu gehört auch das Erkennen von Artgenossen und angemessenen Geschlechtspartnern. Der berühmte Verhaltensforscher Konrad Lorenz stellte bei seinen Graugans-Studien fest, dass Graugänse, die von einer menschlichen »Mutter« aufgezogen worden waren, nach Erreichen der Geschlechtsreife ihre Balz eher auf Menschen denn auf andere Gänse ausrichteten.

Dieselbe Verwechslung lässt sich bei Hunden beobachten, wenn sie soziales Dominanz- und Spielverhalten auf Menschen anwenden – und somit Menschen wie Hunde behandeln. Analog dazu bereitet man Hütehunde, die Schafe bewachen sollen, auf ihre Aufgabe vor, indem man sie im Alter von nur wenigen Wochen der Mutter wegnimmt und gemeinsam mit Schafen aufwachsen lässt. Dadurch betrachten sie Schafe fortan als ihre Familie, an die sie gebunden sind und die sie zu schützen haben.

Nach 16 Wochen endet diese Phase raschen Lernens und schneller Anpassung, und die sozialen Fähigkeiten, die der Hund erworben hat, ändern sich im Verlauf seines Lebens kaum noch. Deshalb ist es so wichtig, dass Welpen von Geburt an engen Kontakt zu Menschen haben. Üblicherweise übernehmen wir Hunde im Alter von acht oder neun Wochen, genau in der Mitte dieser sozial prägenden Phase, und überhäufen sie im weiteren Verlauf der 16-Wochen-Periode unausgesetzt mit Aufmerksamkeit und Erlebnissen. Das Ergebnis ist, dass ein Hund wie der in der Frage erwähnte seine großen haarlosen Rudelangehörigen in keiner Weise merkwürdig findet.

Julia Ecklar
Trafford, Pennsylvania, USA

Nachtlichtflug

Warum fliegen Motten, die ja nachtaktiv sind, immer zum Licht?

Hörerfrage bei BBC 5 Live, UK

Motten sind nicht ausschließlich nachtaktiv. Viele Arten sind auch tagsüber aktiv und viele sind ausschließlich tagaktiv.

Das Verhalten von Insekten ist fast ausschließlich rein instinktiv, wie der berühmte Entomologe Jean-Henri Fabre (1823–1915) nachgewiesen hat. Er machte die Beobachtung, dass eine Grabwespe der Gattung *Sphex* eine Raupe mit einem Stich lähmt, zum Eingang der kleinen Höhle schleppt, die sie gerade gegraben hat, und dort ablegt. Dann läuft sie in den Bau, wahrscheinlich um zu prüfen, ob in ihrer Abwesenheit kein ungebetener Eindringling davon Besitz ergriffen hat, kommt wieder heraus, holt die Raupe herein und legt ihr Ei in sie, ehe sie die Höhle verschließt. Nachdem er das gesehen hatte, schob Fabre die Raupe ein kleines Stück vom Höhleneingang weg, sobald die Grabwespe in der Höhle verschwunden war. Daraufhin brachte die Wespe die Raupe wieder zum Höhleneingang und machte sich erneut auf den Inspektionsgang.

Fabre gelang es nie, diesen Ablauf zu ändern. Die Evolution der Wespe hatte genau dieses Verhalten hervorgebracht, und es war ihr nicht möglich, selbst angesichts der außergewöhnlichen Umstände etwas anderes zu tun. Ähnliches gilt für Motten. Sie haben Millionen Jahre der Evolution durchgemacht, ohne nachts mit künstlichem Licht in Berührung zu kommen. Die wenigen tausend Jahre, die wir die Motten vor das Problem stellen, sind zu kurz, um ein angepasstes Verhalten entwickeln zu können.

In seinem Buch *Der Gotteswahn* (Ullstein 2008) beschäftigt sich Richard Dawkins mit dem Problem, dass Motten von Kerzenflammen angezogen werden. Er erklärt es mit der alten gedankenlosen Behauptung, dass die Motten die Flamme irrtümlich zum Navigieren benutzen, weil sie sie mit dem Mond verwechseln. Dabei geht man von der Vorstellung aus, dass die Motte ihren Kurs im Verhältnis zur Position des Lichts bestimmt. Also muss sie auf es zu fliegen, um die relativ selbe Richtung beizubehalten, und das Ergebnis ist eine Spirale, die unvermeidlich in die Flamme führt. Diese Erklärung liefert jedoch keine Antwort darauf, warum bei vielen Arten nur Männchen auf diese Weise angezogen werden und bei einigen wenigen Spezies nur Weibchen.

Hinzu kommt: Um navigieren zu können, müssten die Motten zu einer migrierenden Art gehören. Doch diese Motten migrieren selten. Es ist sogar so, dass die meisten überhaupt nicht migrieren und deshalb gar nicht navigieren müssen. Mehr noch: Alle möglichen Insekten zeigen dasselbe Verhalten – Fliegen, Wespen, Hornissen, Eintagsfliegen und Köcherfliegen werden unweigerlich von Flammen angezogen, obwohl viele von ihnen normalerweise tagaktiv sind und die Mehrheit von ihnen selten oder nie migriert.

Navigieren sie dann, um Nahrung oder einen Partner zu finden? In den Sommernächten bestimmen Gerüche und keine Lichter den Kurs der männlichen Motten. Ein total bedeckter Himmel ändert nichts an ihrem Verhalten. Sie fliegen gegen und durch den Wind und fahnden nach den verräterischen Pheromonen, die sie zu einem Weibchen führen, oder dem Duft der Blumen, die ihnen Nahrung versprechen. Die Weibchen hingegen verharren bis nach der Paarung an Ort und Stelle, suchen dann anhand des Dufts Pflanzen, von denen sich ihre Larven ernähren können, und legen ihre Eier ab. Dazu brauchen sie weder Mond und Sterne noch Kerzen.

Ich habe Tausende von Stunden neben Lichtfallen gesessen, um das Verhalten von Insekten zu beobachten, und bin zu der Erkenntnis gekommen, dass es sich in den meisten Fällen schlicht um Zufall handelt, wenn sie auf das Licht stoßen. Viele fliegen direkt vorbei, ohne ein Iota von ihrem Kurs abzuweichen. Andere fliegen in den erleuchteten Bereich, landen und verharren, wie sie das tagsüber tun würden. Unterschiedliche Arten weisen anscheinend unterschiedliche Sensibilitäten auf, wobei die sensibelsten am weitesten entfernt von der Lichtquelle landen. Und dann gibt es wieder andere Motten, die das Licht umkreisen, aber nie hineinfliegen.

Jene, die ins Licht fliegen, wirken unkontrolliert und durcheinander. Das helle Licht scheint sie eher zu verwirren und zu desorientieren als anzulocken. Ähnlich wie Fabres Manipulationen mit der Raupe scheint helles Licht unangemessenes Verhalten auszulösen, weil die Insekten keinen Mechanismus besitzen, damit umzugehen.

Nur eine Form des beobachteten Verhaltens erscheint angemessen – wenn Motten nachts zu einem erleuchteten Fenster streben. Jedes Insekt, das in einem Innenraum gefangen ist, fliegt in Richtung Fenster. Der Instinkt sagt ihm, dass es, um aus einem geschlossenen Raum zu entkommen, dorthin fliegen muss, wo es am hellsten ist, denn selbst nachts ist es vor der Höhle oder dem Hohlraum, wo es den Tag verbracht hat, heller als darin. Die Motte findet den Weg nach draußen, indem sie in Richtung dieses Lichts fliegt. Das hieße, eine Motte kann nicht zwischen einer hellen Lichtquelle und freiem Feld unterscheiden.

Es kann gut sein, dass dieser Mechanismus wirkt, wenn Motten helle Lichter anfliegen. Doch die vielen anderen hier genannten Faktoren widersprechen dieser Erklärung eher.

Terence Hollingworth
Blagnac, Frankreich

Ich habe diese Frage schon oft gelesen und ebenso viele verschiedene Antworten gesehen, doch ich habe nie wieder eine Erklärung gefunden, die so bestechend ist wie die, die Ian

McEwan in seinem Roman *Abbitte* (Diogenes 2002) anführt, der mittlerweile großartig verfilmt ist und in den 1930er und 1940er Jahren spielt. Allerdings glaube ich, dass die Theorie nicht aus der Zeit der Romanhandlung stammt, sondern 1972 von dem Medizintechniker Henry Hsiao aufgestellt wurde. Vereinfacht gesagt, fliegen nachtaktive Motten zu dunklen Stellen. Da sie nur über einen einfachen Lichtsensor verfügen, erscheint ihnen der Bereich hinter einer hellen Lichtquelle, etwa einer Glühlampe, am dunkelsten. Leider teilen Entomologen diese Ansicht offenbar nicht, und es wurde noch nie versucht, sie experimentell zu überprüfen.

Ron Jordan
Cross, Somerset, UK

Schweiß unterm Flügel

Schwitzen Tauben? Falls nein, warum nicht?

Klasse 3L, Hungerford Primary School
London, UK

Nur Säugetiere besitzen Schweißdrüsen – also nein, Tauben schwitzen nicht. Doch auch Säugetiere wie Katzen, Wale und Nagetiere schwitzen nicht. Sie haben die meisten oder alle ihrer exokrinen Schweißdrüsen – jene, die wir nutzen, um Wärme abzugeben – verloren, während Vögel nie welche entwickelt haben. Bei den nicht schwitzenden Säugetieren übernehmen die Nieren die Ausscheidungsfunktionen des Schweißes, und die Abkühlung erfolgt mittels Erröten oder Hecheln. Ein anderes Beispiel für Verdunstungskälte liefert die Katze. Bei Überhitzung hechelt sie nicht nur, sondern feuchtet auch ihr Fell mit Speichel an.

Die Haut von Vögeln ist trocken. Da sie, einschließlich der Tauben, eine Körpertemperatur haben, die grundsätzlich einige Grad höher liegt als bei Säugetieren, benötigen sie nicht dieselben Kapazitäten zum Ableiten von Wärme.

Wenn es nötig ist Wärme abzugeben, stellen sie ihre Daunen auf, um die Haut per Ventilation abzukühlen (um die Wärme zu erhalten, legen sie sie flach an). Reicht das nicht aus, hecheln sie mit offenem Schnabel. Deshalb sagt man in Südafrika: »So heiß, dass die Krähen gähnen« (»So warm dat die kraaie gaap«).

Außerdem baden viele Vögel, auch Tauben, an sehr heißen Tagen gern einmal.

Byron Wilson
Dublin, Irland

Störche, Kormorane und Geier frönen der Urohydrose: Sie machen sich im Wortsinne nass und kühlen sich ab, indem sie Urin die Beine hinunterlaufen lassen. Da Vögel nicht getrennt urinieren und defäkieren, kommt alles zusammen heraus, so dass ihre Exkremente ziemlich wässrig sind. Die Wärme, die nötig ist, um diese Flüssigkeit an den Beinen verdunsten zu lassen, kühlt Blut, das ein Venennetzwerk dicht unter die Haut der Beine transportiert.

Ehe man diese Vögel wegen ihres unappetitlichen Kabinettstückchens verdammt, sollte hinzugefügt werden, dass Vogelexkremente Harnsäure enthalten und damit ein effizientes Antiseptikum darstellen – was für Geier, die ziemlich oft auf verrottenden Kadavern herumlaufen, sehr hilfreich ist.

Mike Follows
Willenhall, West Midlands, UK

Glücksräder

Könnte Hamsterkraft eine umweltfreundliche Antwort auf die drohende Energiekrise darstellen? Wie viele Hamster müssten in ihren Rädern laufen, um ein Haus oder eine Fabrik mit Energie zu versorgen?

Catherine Hetherington
Aberdeen, UK

Herzlichen Dank allen, die ihre Physik-, Chemie- und Mathematikkenntnisse eingebracht haben, um die Größenordnung nationaler oder globaler Hamsterkraft zu berechnen. Leider kommt jeder zu einer anderen Zahl. Selbst über das Gewicht des durchschnittlichen Hamsters besteht erhebliche Uneinigkeit. Doch das Endresultat ist immer dasselbe – wir alle glauben nicht an die Hamsterkraft. – Red.

Nehmen wir an, ein Hamster, der 50 Gramm wiegt, kann eine 30-Grad-Schräge mit einer Geschwindigkeit von zwei Metern pro Sekunde hinauflaufen. Das entspricht einem Energieausstoß von einem halben Watt. Wenn er beim Laufen im Rad dieselbe Energiemenge liefert, wären 120 Hamster auf Hochtouren nötig, um eine 60-Watt-Glühlampe zu versorgen.

Der durchschnittliche Hamster verbringt wahrscheinlich nicht mehr als 5 Prozent seiner Zeit im Laufrad, so dass wir eine Brigade von 2400 Hamstern allein für unsere Glühlampe bräuchten. Doch es kommt noch schlimmer. Der Durchschnittshaushalt in Großbritannien verbraucht über 80 Gigajoule Energie pro Jahr. Das entspricht einem ständigen Verbrauch von rund 2,5 Kilowatt. Jedes Haus würde also 100 000 Hamster benötigen. Multipliziert man das mit der Zahl der Haushalte in Großbritannien, ist das Ergebnis eine Umwelt- und Wirtschaftskatastrophe.

Zudem müssten wir eine Armee von Tiertrainern beschäftigen, damit sie sich Pawlow'sche Tricks ausdenken, um die

Hamster dem Energiebedarf in Spitzenzeiten entsprechend in die Laufräder zu bekommen. Da Hamster nachtaktiv sind, würde dies Politikern und Juristen eine Tierschutzdebatte bescheren. Allein das Vereinigte Königreich müsste alle anderen Europäer zur Versorgung seiner Hamsterpopulation einstellen.

Vielleicht sollten wir Menschen in Tretmühlen laufen lassen. Dabei würde nicht viel Energie produziert, aber das Problem Fettleibigkeit wäre vielleicht verringert.

Mike Follows
Willenhall, West Midlands, UK

Hamster in Laufrädern können die drohende Energiekrise nicht abwenden, denn Tiere sind keine Energiequellen – sie sind Energieverbraucher. Es wäre effizienter, ihr Futter in einem Ofen zu verbrennen und die dabei anfallende Energie zu nutzen (ein Umstand, der bei den *Matrix*-Filmen übersehen wurde, wo Menschen von intelligenten Computern als Quelle von Wärmeenergie benutzt werden).

John Woods
Stratford-upon-Avon, Warwickshire, UK

Laut CIA-Website belief sich der weltweite Stromverbrauch 2003 auf geschätzte 15,45 Billionen Kilowattstunden. Um diese Energie zu produzieren, wären unter Idealbedingungen rund 1458 Milliarden Hamster nötig. Hamster haben eine durchschnittliche Lebenserwartung von 2,5 Jahren, was bedeutet, dass wir bereits vier Jahre nach der Umstellung auf Hamsterkraft vor über zwei Milliarden Tonnen verblichener Hamster und einer ganzen Menge Hinterhofbegräbnissen stünden. Die Auswirkungen auf Sozioökonomie und Umwelt wären entsetzlich. Somit ist es meine Pflicht als Pseudotechniker zu verkünden, dass hiermit eine weitere Energiequelle ins Reich der Träume zu verweisen ist.

Ben Padman
Perth, Westaustralien

Die Frage ist nicht, ob Hamsterkraft eine umweltfreundliche Energiequelle, sondern ob sie tierfreundlich wäre. Als Studentin der Veterinärmedizin habe ich mich eine ganze Weile mit den Untersuchungen des »Laufrad-Phänomens« beschäftigt. Unbestritten ist, dass Hamster in Gefangenschaft höchst motiviert sind, Laufräder zu benutzen. Was die Wissenschaft jedoch rätseln lässt, ist die Frage, warum.

Es ist ein Streitpunkt, ob das Laufen im Rad ein stereotypes Verhalten darstellt – ein sich wiederholendes, unveränderliches Verhalten, das keine erkennbare Funktion hat (vergleichbar mit manchen obsessiv-zwanghaften Störungen bei Menschen) und von suboptimalen Umweltbedingungen herrührt. Selbst wenn sich das Laufen im Rad als nicht stereotyp herausstellt, bleibt doch die Streitfrage, ob es mit mangelndem Wohlergehen zusammenhängt, denn solche Verhaltensweisen können einfach ein Weg sein, mit der Gefangenschaft zurechtzukommen.

Jedenfalls hat man festgestellt, dass bei Hamstern, denen man eine mindestens 80 Zentimeter starke Streuschicht gibt, die ihnen natürliche Wühlaktivitäten erlaubt, das Laufen im Rad erheblich reduziert ist und andere stereotype Handlungen wie das Gitternagen komplett verschwinden. Daher sollten wir wirklich über die Haltung von Goldhamstern nachdenken. Vielleicht wäre das Nutzbarmachen hamsterlicher Wühlaktivitäten ein besseres Rezept gegen die Energiekrise.

Sarah Briars
Shefford, Bedfordshire, UK

Der Gesamtverbrauch an Energie beläuft sich weltweit pro Jahr auf rund 500 Exajoule (ein Exajoule sind 10^{18} Joule). Ein Hamster benötigt pro Tag 15 Gramm an Nahrung. Gehen wir davon aus, dass die Hamster Weizen fressen, dessen Energiegehalt 1400 Kilojoule auf 100 Gramm beträgt. Wenn wir annehmen, dass Hamster die chemische Energie der Nahrung mit derselben Effizienz wie Kraftwerke oder Holzöfen in nutzbare Energie umsetzen, wären gut 6500 Milliarden Tiere in den Laufrädern nötig, um den weltweiten Energiebedarf zu decken. Um eine leichter vorstellbare Größenordnung zu nehmen: Der typische Haushalt in Großbritannien hat einen Energiebedarf von rund 80 Gigajoule pro Jahr, eine Menge, die 1000 ununterbrochen laufende Hamster erzeugen könnten.

Die Kehrseite beim Einsatz von 6500 Milliarden Hamstern ist, dass dafür 36 Milliarden Tonnen Weizen pro Jahr an Futter nötig wären, nahezu das Sechzigfache der gegenwärtigen Weltgesamtproduktion.

Das Gedankenspiel macht klar, dass die Energiekrise nicht allein aus dem exzessiven Gebrauch fossiler Energien resultiert und durch die Umstellung auf erneuerbare Energien gelöst werden kann. Der Umfang einer solchen Umstellung ist bei weitem zu groß, und erneuerbare Energien im großen Stil haben gleichfalls ihre Kehrseiten. Die entscheidende Antwort auf Energiekrise und Klimawandel ist die Verringerung des Energieverbrauchs durch Einsparung, was eine Änderung unseres Lebensstils impliziert. Das ist der Grund, warum Politiker es nahezu für unmöglich halten, das Thema anzusprechen.

Philip Ward
Sheffield, South Yorkshire, UK

Wenn Ihr Energie erzeugender Hamster dann das Zeitliche gesegnet hat, sollten Sie ihn auf sinnvolle und würdige Weise entsorgen. Der Vorläufer dieses Buches, *Wie man mit einem Schokoriegel die Lichtgeschwindigkeit misst,* zeigt Ihnen im Abschnitt »Zum Fossil werden« Schritt für Schritt, was zu tun ist. – Red.

Durstige Spinnen

Trinken Spinnen Wasser? Falls nicht, wie stillen sie dann ihren Durst?

Sarah Cassidy
Banchory, Aberdeenshire, UK

Ja, Spinnen trinken Wasser. In freier Natur nutzen die meisten alle möglichen Quellen, beispielsweise Tropfen auf Pflanzen oder auf der Erde sowie Morgen- oder Abendtau, der sich im Netz niedergeschlagen hat. In Gefangenschaft sollte man kleineren Arten Wasser in einem Flaschenverschluss oder feuchten Schwamm bereitstellen, größeren, wie Taranteln, in einer flachen Schale.

Dass Spinnen ihren Durst stillen müssen, hat auch zu dem Irrglauben geführt, sie würden in Abflüssen leben. Wasserreste an den Abflusslöchern und Rändern von Waschbecken und Duschen sind wunderbare Quellen für Spinnen in Häusern. Und natürlich sind sie dann im Waschbecken oder in der Badewanne gefangen, wenn die Wände zu steil oder zu glatt zum Hinauflaufen sind, so dass sie versuchen, über das Abflussrohr zu entkommen.

Sean Lenahan
Cartmel College
Lancaster University, UK

Wie alle Tiere müssen auch Spinnen regelmäßig Flüssigkeit zu sich nehmen. Die verschiedenen Arten stillen ihren Durst auf unterschiedliche Weise. Die Vogelspinne *Selenocosmia cras-*

sipes beispielsweise, die in der Wüste lebt, legt ihre einen Meter lange Röhre mit einer dünnen Schicht Spinnseide aus, um sie feucht zu halten. Tau oder die vereinzelten Regentropfen werden mit Hilfe eines niedrigen, mit Seide bedeckten Walls in der Nähe des Eingangs aufgefangen. Viele andere Arten, etwa Wolfsspinnen, verfolgen eine wesentlich einfachere Strategie und trinken morgendliche Tautropfen. Und manche Spinnen nehmen auch Nektar zu sich.

Paul Peng
Nakara, Northern Territory, Australien

Viele Spinnen wie die Gartenkreuzspinne verschlingen morgens als Erstes ihr Netz. Dabei trinken sie auch das Wasser, das sich in Form von Tautropfen darin niedergeschlagen hat. Andere, etwa die Geißelspinnen, benutzen ihre Pedipalpen, um Wasser in den Mund zu befördern.

Die Schwarze Witwe und die Rotrückenspinne trinken überhaupt kein Wasser, ihnen genügt die Flüssigkeit, die sie aus ihrer Beute saugen. Taranteln wiederum trinken gern die Wassertropfen, die sich auf Blättern in ihrer Nähe sammeln.

Auch unter den Säugetieren gibt es einige Kreaturen, die nicht trinken. Der Name Koala ist von der Aborigines-Bezeichnung »ohne zu trinken« abgeleitet. Die benötigte Flüssigkeit nehmen die Koalas mit den Blättern von Pflanzen wie den glattrindigen Eukalyptusarten auf.

Louise Lench
London, UK

Vor ein paar Jahren habe ich im Winter eine Spinne vor meinem Küchenfenster beobachtet. Eine kleine Schneeflocke landete im Netz. Normalerweise kümmern sich Spinnen nur um Dinge in ihrem Netz, die strampeln. Deshalb war ich verblüfft, dass die Spinne zu der Schneeflocke lief. Bis sie dort ankam, war der Schnee zu einem Wassertropfen geschmolzen, und es sah ganz so aus, als würde ihn die Spinne trinken. Ihr Kopf war am Tropfen, und der Tropfen verschwand komplett.

Norman Pateson
Anstruther, Fife, UK

Die australische Naturforscherin Densey Cline berichtet von dem bemerkenswerten Fall einer Wasser trinkenden Spinne.

Als Cline aufwachte, entdeckte sie den ausgedörrten Körper einer toten Riesenkrabbenspinne auf ihrem Nachttisch, und in ihrem Wasserglas befand sich ein außerordentlich langer parasitärer Wurm. Cline geht davon aus, dass der ausgereifte Parasit Wasser für die Fortsetzung seines Lebenszyklus brauchte und die befallene Spinne zur nächsten Wasserquelle trieb, indem er einen schrecklichen Durst bei ihr auslöste.

Kate Chmiel
Clifton Hill, Victoria, Australien

Kokon-Geheimnis

Wenn sich ein Insekt in seinem Kokon verwandelt und zu Schleim wird, ist es dann am Leben? Wenn ja, auf welche Weise lebt es?

Madeleine Cooke (7 Jahre)
Ryde, Isle of Wight, UK

Bei vielen der Insekten, die eine Metamorphose durchmachen, löst sich die Mehrzahl der Körperzellen in der Puppe auf und wird zu Schleim, aber es gibt Ansammlungen von Zellen, die intakt bleiben. Diese Zellen ernähren sich von dem Schleim, teilen sich und entwickeln schließlich Beine, Augen, Flügel, Fühler und die anderen Merkmale des adulten Insekts.

Das ist beinahe so, als wäre der Schleim der Eidotter und die Zellansammlung der Embryo eines neuen Eis. In einigen wenigen Fällen, etwa bei Pilzmücken, kann sich dieser neue Embryo spalten und aus einer Larve mehrere adulte Tiere bilden. Das wird als Polyembryonie bezeichnet.

Martin Harris
Australien

Ein Insekt, das seine Metamorphose durchläuft, ist am Leben – unabhängig davon, in welchem Zustand sich sein Körper gerade befindet. Vor allem leben die einzelnen Zellen, wachsen und teilen sich planmäßig, um die Organe des adulten Insekts zu bilden. Kein Insekt und auch kein anderer Organismus kann in einem Stadium seiner Entwicklung tot und im nächsten lebendig sein, denn der Tod eines Organismus ist stets irreversibel.

Der Tod eines vielzelligen Organismus, wie ihn ein Insekt darstellt, muss jedoch für die verschienen Ebenen seiner Gestalt einzeln definiert werden: der des intakten Körpers, der Organe und des Gewebes, schließlich der einzelnen Zellen. Der Körper kann ohne Organe und Zellen nicht überleben, aber die letzteren beiden können dies ohne einen Körper. Wenn man einen Kokon zerquetscht, wird die Larve darin getötet, aber viele ihrer Zellen überleben zumindest einige Zeit. Daher kann man einen vielzelligen Organismus töten, indem man seine übergeordnete Gestalt zerstört, während die meisten seiner Organe und Zellen am Leben bleiben. Wäre das nicht der Fall, könnte man beispielsweise keine menschlichen Organe oder Zellkulturen transplantieren.

Aydin Orstan
Germantown, Maryland, USA

Was ist mit »am Leben« gemeint? Lebt der Zellklumpen, der die menschliche Blastozyste bildet? Sie kann nicht atmen, denken oder Schmerz empfinden. Aber sie ist am Leben wie der

Schleim aus Insektenzellen in einem Kokon. Die Zellen, die die jeweilige Struktur bilden, verstoffwechseln, teilen sich, reagieren auf ihre Umwelt – alles untrügliche Kennzeichen von Leben.

Roger Morton
Dunlop, Australian Capital Territory, Australien

Mörderischer Busch

Bei einer Rast während einer Radtour über Land in Australien habe ich ein unglückseliges Insekt gesehen, das auf den Dorn eines kleinen Busches gespießt war. In den Tagen zuvor hatte es gestürmt, und ich gehe daher davon aus, dass das Insekt auf den Dorn geweht worden ist, der zuerst den offenen Deckflügel und dann den Körper durchbohrt hat. Wie groß ist die Wahrscheinlichkeit, dass so etwas passiert?

Paul Worden
Portland, Victoria, Australien

In der zoologischen Literatur Australiens finden sich – allerdings nur wenige – Beispiele für Insekten, vor allem Mistkäfer, die auf Stacheln oder andere spitze Pflanzenteile sowie Stacheldraht gespießt waren.

Es ist sehr unwahrscheinlich, dass es allein dem Wind zuzuschreiben ist, dass das Elytron – der verdickte, verhärtete Vorderflügel der Käfer, der die weicheren, dem Fliegen dienenden Hinterflügel bedeckt – durchbohrt wurde. Das wäre so, als wollte ein Insektensammler einen Käfer aufspießen, indem er ihn auf die Nadel wirft. Das Elytron ist Teil des harten Exoskeletts und lässt den flüchtigen Stoß einer Nadel oder eines Stachels höchstwahrscheinlich in den meisten Fällen abgleiten. Die Chance, dass ein Elytron im Flug durchbohrt wird, erscheint äußerst gering, weil der fliegende Käfer die Elytren geöffnet hat und rechtwinklig vom Körper weghält: Würde ein Stachel von außen dagegen stoßen, würden sie herunterklappen.

Wahrscheinlicher ist folgendes Szenario: Der starke Wind hat einen Ast oder Zweig heruntergeweht, auf dem der Käfer saß, und der zusätzliche Impuls durch Käfer plus Zweig führte zum Durchbohren. Oder aber der Sturm hat einen anderen Zweig gegen den, auf dem der Käfer saß, gedrückt

Ian Faithfull
Extension Support Officer, Catchment and Agricultural Services
Carrum Downs, New South Wales, Australien

Mistkäfer spießen sich oft im Flug in Stacheldrahtzäunen auf. In New South Wales sehe ich ziemlich häufig Stacheldraht, auf den Käfer gespießt sind.

Toshi Knell
Nowra, New South Wales, Australien

In bestimmten Gegenden ist das ein ziemlich häufiges Ereignis. Doch der arme Käfer ist sicher nicht zufällig dort gelandet, sondern wurde dorthin gesteckt.

In Victoria ist der Übeltäter wahrscheinlich ein Graurücken-Krähenwürger (*Cracticus torquatus*). Diese Singvögel, die etwa die Größe einer kleinen Taube haben, fressen große Insekten, kleine Säugetiere und andere Vögel. Ihre Beute stecken sie auf Dornen, um sie beim Fressen zu fixieren. Manchmal heben sie ihre aufgespießte Beute auch für eine spätere Mahlzeit auf. Geeignete Büsche in Nestnähe können mit Opfern gespickt sein, darunter sogar Hühnerküken.

Es gibt einen Bericht über einen Krähenwürger, der nach einem eiskalten Regenschauer seine drei Küken tot im Nest vorfand, sie herausnahm, in seiner nahegelegenen Speisekammer aufspießte und einige Tage später fraß. Die Würger, die in

Eurasien, Afrika und Nordamerika verbreitet (aber nicht verwandt) sind, haben ein ähnliches Verhalten.

Rob Robinson
British Trust for Ornithology
Thetford, Norfolk, UK

Luftverkehrskontrolle

Warum fliegen Insekten – insbesondere Fliegen, Wespen und Bienen – nicht wie die meisten Vögel eine gerade Linie? Ihre Flugmuster wirken chaotisch und scheinen oft spiralförmig zu verlaufen. Gewiss ist es nicht sehr effizient, wenn sie derart nach dem Zufallsprinzip fliegen?

Mike McCullough
Preston, Lancashire, UK

Vögel fliegen in Wahrheit selten eine gerade Linie und jeder Ornithologe, der etwas auf sich hält, kann viele Arten allein anhand der Flugmuster bestimmen. Dies vorausgesetzt lässt sich hinzufügen, dass Vögel ziemlich direkt zu einem sichtbaren Ziel fliegen und bei weiteren Strecken sinnvollen Wegen folgen, die auf der erlernten Topographie basieren.

Die Flüge von Insekten variieren viel stärker. Ihre Flugmuster kompensieren partiell ihr üblicherweise schlechtes Sehvermögen, weil sie so mehr räumlich-visuelle Informationen sammeln können. Wenn Insekten ein Ziel haben, fliegen viele ziemlich direkt, was jeder bezeugen kann, der schon einmal gestochen worden ist. Als Drohgebärde schwirrt eine Biene wie wild herum, aber bei einem echten Angriff kommt sie wie ein Projektil aus einem Blasrohr. Geht es um Suchen, Folgen von Gerüchen, Paarung, Revierkontrolle und so weiter, sind die Insektenflugmuster nicht gerade, aber sie ähneln dem entsprechenden Verhalten von Vertebraten.

Der Unterschied zwischen scheinbar chaotischen Insektenschwärmen und den Scharen großer Vögel ist kein Ausdruck ihrer Psychologie, sondern eher ihrer unterschiedlichen Größen, die die Flügelbewegungen und die Vorteile des Formationsflugs beeinflussen. Scharen kleinerer Vögel wie Stare oder Blutschnabelweber können ziemlich heuschreckenähnlich wirken.

Jon Richfield
Somerset West, Südafrika

Die Beurteilung des Insektenflugs hängt vom Maßstab ab, den man zugrunde legt. Beobachtet man einen Meter Flug und sieht das Insekt eine gerade Linie fliegen, kann man zu dem Schluss kommen, dies wäre sein übliches Verhalten. Doch wenn man einen Kilometer Flug beobachtet, ist das Bild ganz anders.

Wenn Insekten auf der Suche sind, bildet ihr Flug eine intermittierende Kombination langer und kurzer Schritte, wobei jeder Schritt einen etwas anderen Winkel als der vorherige hat. Kleine Schritte kommen am häufigsten vor, sehr lange sind selten. Das ist die optimale Suchstrategie, die als Lévy-Flug bezeichnet wird. Er erscheint chaotisch, ist es aber nicht, die Winkel und Entfernungen entsprechen bestens bekannten Wahrscheinlichkeitsverteilungen. Bienen beispielsweise fliegen über Kilometer hinweg in erstaunlich gerader Linie, sobald sie wissen, wo sich eine Nahrungsquelle befindet. Wenn sie nicht »zufällig« fliegen, ist eine gerade Linie der beste Weg.

Octavio Miramontes
Mexiko-Stadt, Mexiko

Insekten können nicht so scharf wie Säugetiere oder Vögel sehen. Das Facettenauge der Insekten ist auf Bewegung abgestimmt, daher können sie entferntere Objekte nicht genau ausmachen. Deshalb verfolgen Insekten eine eher unstete Flugbahn, um zu einem bestimmten Objekt zu gelangen.

Hinzu kommt, dass viele Insekten nach Gerüchen navigieren. Nehmen wir eine Schlupfwespe, die eine Raupe für die Eiablage sucht. Um die Raupe zu lokalisieren, muss die Wespe die Geruchssignale auswerten, die ihre beiden Fühler aufnehmen. Um die Geruchsquelle zu »erfassen«, ist daher eine ziemlich unstete Flugbahn nötig. Wenn das Insekt in die Nähe des gesuchten Objekts kommt, nimmt das Unstete immer mehr ab, und das Insekt kann sehr genaue, schnelle Bewegungen ausführen – wie beispielsweise eine Libelle, die ihr fliegendes Opfer im Flug erbeutet.

Die »zufällige« Bewegung ist einfach dem sensorischen System der Insekten geschuldet. Menschen verlassen sich auf das Sehen, um sich durch die Welt zu bewegen – versuchen Sie einmal, eine offene Flasche Parfüm mit geschlossenen Augen zu lokalisieren.

Peter Scott
School of Life Sciences, University of Sussex
Brighton, UK

Ich nehme an, die Evolution ließ nicht viel Zeit verstreichen, um jene Insekten auszumustern, die aufgrund ihrer effizienten direkten – und damit vorhersehbaren – Flugmuster leichte Beute für Fledermäuse, Vögel, Frösche und andere wurden. Jene Insekten, die bis heute überlebt haben, sind wohl die mit wechselnden Mustern.

Peter Tredgett
Llanbedrog, Gwynedd, UK

Jumbo-Hatschi

Niesen Elefanten?

Robin Rhind
London, UK

Ich campe öfters im Busch in der Nähe meines Hauses im Norden von Botswana. Das mit Abstand schönste Erlebnis bietet eine afrikanische Nacht, wenn man statt im Zelt nur unter einem Moskitonetz schläft. Allerdings kann das, wie ich erleben musste, dazu führen, dass man von Löwen, Hyänen, Flusspferden und Elefanten inspiziert wird, was ziemlich aufregend sein kann.

Ein Freund hat mir erzählt, dass er einmal, als er unter dem Netz schlief, mitten in der Nacht aufwachte und meinte, es hätte sich zugezogen und könnte zu regnen beginnen, weil er keine Sterne mehr sah. Doch als sich seine Augen besser an die Dunkelheit gewöhnt hatten, merkte er, dass sich über ihm der Bauch eines Elefanten befand. Der Elefant war neugierig und beschnüffelte ihn durch das Netz. Plötzlich kam eine Eruption aus dem Rüssel, und das Gesicht meines Freundes war mit Elefantenschleim bedeckt! Anschließend stieg das Tier vorsichtig über ihn hinweg und ging seiner Wege.

Niesen ist eine unwillkürliche Reaktion, die dazu dient, Fremdkörper oder ein Zuviel an Material aus der Nasenpassage zu entfernen. Genau wie bei allen anderen Säugetieren können auch bei Elefanten Fremdkörper in die Nasenpassage gelangen, so dass sie wohl aus demselben Grund niesen wie Hunde, Katzen oder Menschen.

Die Antwort lautet, ja, Elefanten niesen.

John Walters
Rakops, Botswana

Ich habe das einmal im Zoo erlebt, wo ich Elefanten gefüttert habe. Ein paar Kinder fütterten auch einen Elefanten, doch eines der Kinder streckte ihm statt Futter eine Handvoll Pfeffer hin.

Der Elefant langte danach und saugte den Pfeffer direkt in seinen Rüssel. Was folgte, war nicht schön. Der Elefant schnaubte und prustete einige Male und bekam dann einen ungeheuren Niesanfall, der aussah, als würden Orkane durch einen hin und her schlagenden Feuerwehrschlauch fegen.

Die Kinder wurden des Zoos verwiesen, und dem Elefanten ging es glücklicherweise wieder gut, nachdem die lang anhaltende Nieserei vorbei war.

Per E-Mail, ohne Namens- und Ortsangabe

Auch Elefanten niesen. Aufgrund der dicken Auskleidung ihres Rüssels werden die Membranen darin nicht so leicht durch irgendwelche Substanzen gereizt, doch afrikanische Bauern haben herausgefunden, dass Chili das ideale Abschreckungsmittel für Elefanten ist. Um die Ernte vor Elefanten zu schützen, die sie zerstören oder fressen würden, werden Chilisamen rund um die Felder in die Erde gelegt und nachts mit Chili durchsetzte Dungfladen verbrannt.

Eine gemeinnützige Einrichtung namens Elephant Pepper Development Trust berät beim Einsatz von Chili und Chiliöl, um Elefanten zum Niesen zu bringen.

Georgia
Per E-Mail, ohne Ortsangabe

Mondsüchtiger Kaktus

Mein Kaktus Cereus forbesii *hat letzte Nacht geblüht, pünktlich zum Vollmond. Der* Selenicereus grandiflorus, *den ich in Bangladesch besaß, hat fast immer binnen zwei Tagen zum Vollmond oder – seltener – Neumond geblüht. Wodurch löst der Mondzyklus die Blüte bei diesen Kakteen aus?*

Hugh Brammer
Per E-Mail, ohne Ortsangabe

Pflanzen wie der *Selenicereus* blühen nachts, wenn die Temperatur niedriger ist und jene Tiere, die sie befruchten, in der Nähe sind. Eine geöffnete weiße Blüte ist nachts sehr deutlich zu sehen, vor allem, wenn das Licht des Vollmonds auf sie fällt. Evolutionstechnisch hat nächtliches Blühen also Sinn.

Es gibt auch hinreichend Untersuchungsergebnisse, aus denen hervorgeht, dass Pflanzen die Länge der Nacht spüren und diese Zeiträume die Blüte auslösen. Deshalb könnte eine »Unterbrechung« der Nacht durch ein helles Licht wie das des Vollmonds einen Einfluss auf das Blühverhalten haben. Aber ich kenne keine wissenschaftliche Untersuchung, die belegt, dass dies der Fall ist.

Eine Internetrecherche erbringt sehr wenige Berichte über *Cereus* oder *Selenicereus,* die bei Vollmond geblüht haben. Wahrscheinlich beruht die Beobachtung, die der Fragesteller gemacht hat, auf Zufall.

Der Mondmonat umfasst 28 Tage, an dreien davon ist der Mond am hellsten (nahezu voll). Damit hat die Pflanze etwa eine Chance von 1 zu 9, während des Vollmonds zu blühen. Ich denke, wenn sie zu einem anderen Zeitpunkt blüht, wird das nicht als bemerkenswert wahrgenommen und also auch nicht festgehalten.

P. Scott
School of Life Sciences, University of Sussex
Brighton, UK

Ich habe einen *Selenicereus grandiflorus* in meinem Treibhaus, der im Sommer 1998 sieben Blüten hervorbrachte. Die erste Blüte öffnete sich in der Nacht des 20. oder 21. Juni, und die anderen folgten in regelmäßigem Abstand während der nächsten beiden Wochen. Die letzte Blüte war in der Nacht des 5. Juli offen. Am 24. Juni war Neumond, am 1. Juli Halbmond. Somit lässt sich kaum folgern, entweder der Vollmond oder der Neumond hätte die Blüte meines Kaktus ausgelöst.

Doch die Frage hat mich neugierig gemacht. Also habe ich ein wenig recherchiert und die Arbeiten von Yosef Mizrahi an der Ben-Gurion University of the Negev in Israel entdeckt. Er hat mit seinen Mitarbeitern die Möglichkeiten untersucht, Kakteen der Gattungen *Hylocereus* und *Selenicereus* als Obstpflanzen anzubauen: In ihrer Genbank befinden sich mehr als 240 Genotypen von Arten dieser beiden Gattungen.

Ich habe ihm eine E-Mail mit der gestellten Frage geschickt. Seine Antwort war, dass diese Arten zu unterschiedlichen Zeitpunkten des Jahres blühen und er und seine Gruppe nicht beobachtet hätten, dass der Vollmond die Blüte auslöst. Allerdings räumte er ein, dass die Forscher nicht speziell auf ein solches Phänomen geachtet hätten.

Trevor Lea
Oxford, UK

»... gibt es keine größere Torheit, als sehr wissbegierig und eifernd die Ursachen eines Phänomens, welches niemals existiert hat, herausfinden zu wollen, und die Leute sollten vorsichtig und gänzlich überzeugt sein, dass die Kraft wahr ist, ehe sie den Fall vorbringen.«

Untersuchung der vermeinten und so genannten Hexereyen (1677, dt. 1719) von John Webster

Ich züchte seit über 60 Jahren Kakteen und habe diese Behauptung mehrfach gehört. Viele Kakteen blühen nachts, doch ich habe nie beobachtet, dass irgendein Kaktus seine Blüte an den Mondphasen ausrichtet. Ich habe Hunderte von blühenden Kakteen fotografiert, von denen einige in Zeitschriften veröffentlicht worden sind. Sie sind mit einer Digitalkamera aufgenommen und wurden automatisch mit dem Datum versehen. Daher konnte ich die Aufnahmedaten mit den Mondphasen vergleichen und kann Ihnen versichern, dass keine Korrelation besteht. Deshalb das Zitat am Anfang.

Der Wasserverlust, den große Blüten verursachen, ist enorm, und daher öffnen Kakteen ihre Blüten im Allgemeinen nur für kurze Zeit. *Micranthcereus purpureus* beispielsweise öffnet seine Blüten nach Sonnenuntergang und schließt sie am nächsten Morgen noch vor Sonnenaufgang endgültig.

Jim Ring
Nelson, Neuseeland

Krank wie ein Pferd

Als ich auf der Autobahn längere Zeit hinter einem Pferdetransporter herfuhr, stellte sich mir die Frage: Werden Pferde reisekrank? Wissen wir überhaupt, ob außer Menschen irgendwelche Tiere unter Bewegungskrankheit leiden?

Neil Bowley
Newthorpe, Nottinghamshire, UK

Pferde können außer in Extremsituationen nicht erbrechen, weil ihr Ösophagus von einem festen Muskelschlauch umgeben ist. Also ist es schwierig festzustellen, ob ihnen übel ist oder nicht. Andere Tiere mit einkammerigem Magen können erbrechen. Junge Hunde und Katzen übergeben sich häufig bei der ersten Autofahrt, gewöhnen sich aber schnell an das Reisen und leiden dann nicht mehr unter Übelkeit. Im Vereinigten Königreich wurde mittlerweile ein Neurokin-1-Rezeptor-Antagonist, der den Brechreiz reduziert, für die Behandlung reisekranker Hunde zugelassen.

James Hunt
Taunton, Somerset, UK

Bewegungskrankheit ist häufig bei Tieren zu finden und befällt alle Arten von Haustieren. Ein reisekranker Hund im Auto ist nicht nur bemitleidenswert, sondern bedeutet auch schmutzige

Polster. In seinem unvergesslichen Buch *Ruf des Meeres* schrieb Jan de Hartog: »Meine schlimmsten Erfahrungen auf See haben mit Rindern zu tun. Zwei Dinge, die kein Seemann nach solchen Erfahrungen jemals vergessen wird, sind das Mitleid mit den Tieren und ihr Geruch … [Rinder werden] seekrank, und das Rollen des Schiffes bringt sie um den Verstand. Ein seekranker Affe oder ein Hündchen mag drollig und leicht zu behandeln sein, aber fünfhundert Stück Vieh in den Klauen der Seekrankheit sind ein … Albdruck …« Hartog nennt auch explizit Pferde. Selbst Fische können Anzeichen von Verwirrtheit aufweisen, wenn sie nicht angemessen transportiert werden.

Bewegungskrankheit ist so weit verbreitet, weil alle Vertebraten Gleichgewichtsorgane haben und das Gleichgewicht mit den Eindrücken anderer Sinne abstimmen, um aufrecht zu bleiben. Wenn Bewegungen dazu führen, dass etwa die visuellen Informationen dem Gleichgewicht widersprechen, interpretiert das Gehirn eines sensiblen Individuums die Desorientiertheit als Symptom für eine Vergiftung – und da ist es dann die typische Reaktion zu erbrechen, um die Eingeweide zu entleeren.

Robert Amundson
Kopenhagen, Dänemark

Robert Falcon Scott und Ernest Shackleton nahmen Ponys mit in die Antarktis. Auf dem Weg dorthin gerieten sie in schreckliche Stürme, und beide hielten fest, wie schlecht es ihren Tieren ging. Nachdem der Wind abgeflaut war, wurden sie dann wieder munter. Auch Scotts Hunde litten, denn sie rollten sich bei Sturm meist zusammen oder heulten. Tiere mit einem ähnlichen Gehörsystem wie wir leiden unter Bewegungskrankheit, weil sie durch widersprüchliche auditive und visuelle Informationen hervorgerufen wird.

Tim Brignall
Bristol, UK

Wunden lecken

Es ist bekannt, dass manche Tiere einfache Verletzungen behandeln, indem sie sie lecken. Gibt es Tiere, die – wie Menschen – die Wunden anderer versorgen, und gibt es Tiere mit ausgeklügelteren Formen der »medizinischen Behandlung«?

David Taub
Karlstad, Schweden

Die eigenen Wunden und die anderer zu lecken ist die am weitesten verbreitete Form der Wundbehandlung bei Säugetieren. Man geht davon aus, dass dieses Verhalten den allerersten Lebenstagen der Säuger entstammt. Speichel ist im Allgemeinen keimtötend und fördert Wundgewebe. Dem lebenden Gewebe schadet er kaum und hilft, totes Gewebe abzustreifen oder zu verwerten.

Das Verhalten hat sich zweifellos aus einer Abwehrreaktion gegen den Schmerz sowie der Reaktion, Körperflüssigkeiten und Ausscheidungen zu fressen, entwickelt. Das kann bei vielen Arten sogar so weit gehen, dass die Mutter, wenn sie ein krankes Junges leckt und keine Besserung eintritt, dieses frisst. Leider kann diese Abkehr dazu führen, dass die Mutter auch den Rest des Wurfs frisst, insbesondere wenn die Nachkommen sehr jung sind.

Planmäßige Hygiene und Behandlung von Krankheiten und Verletzungen, insbesondere jene von anderen, ist in der Hauptsache ein menschliches Verhalten. Doch es kommt darauf an, was man unter »Behandlung« verstehen will. In Frage kommen etwa Vögel, die im Staub baden, sich verstecken und ausruhen, wenn sie krank sind, oder sich »einemsen« – wobei sie sich Ameisen ins Gefieder reiben, die daraufhin Substanzen absondern, die gegen Mikroben wirken. Verschiedene Vögel und Säuger fressen Erde, um Gifte in ihrer Nahrung zu neutralisieren, und manche Schimpansen kauen bestimmte bittere Blätter, wenn sie krank sind. Solche »Arzneien« helfen möglicherweise bei Wurmbefall. Da sich die Pflanzen und Gepflogenheiten regional unterscheiden, handelt es sich hier eindeutig um erlerntes Verhalten.

Jon Richfield
Somerset West, Südafrika

Speichel enthält einen ganzen Cocktail von Enzymen, von denen viele eine antibakterielle Wirkung haben. Zudem finden sich Epithelwachstumsfaktoren darin, die die Wundheilung fördern. Außerdem kann der Akt des Leckens die Wundabsonderung verstärken und somit Keime aus dem betroffenen Bereich abtransportieren. Natürlich sind im Speichel zugleich eine Unmenge verschiedener Bakterien enthalten. Doch glücklicherweise sind diese größtenteils nützlich oder haben keine Auswirkungen, und es gibt keine Hinweise, dass sie der Wundheilung abträglich sind.

D. L. Harris
Per E-Mail, ohne Ortsangabe

Peruanische Aras sind dafür bekannt, dass sie an Flussufern Lehm fressen. Dieses Verhalten wird als Geophagie bezeichnet. Sie ist häufig bei Landtieren und Vögeln zu beobachten, doch normalerweise soll damit Kies aufgenommen werden, um die Nahrung im Magen zu zerreiben oder sich lebenswichtige Mineralien zu verschaffen. Die Aras hingegen fressen nur eine bestimmte Sorte Lehm, die arm an solchen Mineralien und zudem zu fein ist, um Mahlwirkung im Magen zu haben. Stattdessen handelt es sich um eine Art Selbstmedikation der Vögel, die sich damit vor Giften schützen. Der Lehm ist positiv geladen und bindet im Magen der Vögel negativ geladene toxische Alkaloide, die sie mit unreifen Früchten und Samen zu sich genommen haben. Dieses Verhalten schützt die Papageien vor der Wirkung der Alkaloide und verschafft ihnen zusätzlich einen ökologischen Vorteil anderen Vögeln und Landtieren gegenüber, die diese unreife Nahrung nicht fressen können.

Patrick Walter
London, UK

In einem früheren Beitrag heißt es: »... sind im Speichel zugleich eine Unmenge verschiedener Bakterien enthalten. Doch glücklicherweise sind diese größtenteils nützlich oder haben keine Auswirkungen, und es gibt keine Hinweise, dass sie der Wundheilung abträglich sind.«

Im Gegenteil, es gibt zwingende Beweise, dass sich diese Bakterien (darunter *Streptococcus*- und *Pasteurella*-Arten) in Wunden ansiedeln und die Heilung stark beeinträchtigen können. Um diese, der Heilung abträglichen Auswirkungen auf chirurgische Wunden oder Verletzungen zu verhindern, ist bei Hunden und Katzen der Einsatz von Halskragen hilfreich, und ich rate Haustierbesitzern entschieden, unbedingt dafür zu sorgen, dass ihr Tier seine Wunden nicht leckt.

Eine andere, wahrscheinlichere Erklärung für das in der Frage angesprochene Verhalten ist die, dass karnivore Tiere Wunden aus demselben Grund wie einen Knochen gerne lecken: Es schmeckt ihnen.

Mike Farrell
Europäischer Spezialist für Kleintierchirurgie
University of Glasgow, UK

Birnenförmig

Warum sind Birnen birnenförmig und nicht kugelförmig wie Äpfel?

John Griffiths
London, UK

Äpfel, Birnen, Mispeln, Quitten und die Früchte verwandter Gattungen wie etwa Feuerdorn gehören zu den Kernobstgewächsen. Der fleischige Teil der Frucht entwickelt sich aus Gewebe zwischen dem Stiel und den Fruchtblättern, den weiblichen Fortpflanzungsteilen der Blüte.

Als Auxine bezeichnete Pflanzenhormone, deren Verteilung genetisch bestimmt ist, steuern das Wachstum und die Form des gesamten Pflanzengewebes, auch das der Früchte. Solange das Ergebnis keinen Nachteil für die Pflanze bedeutet, hat die Auslese keinen Einfluss auf das Aussehen der Frucht.

Wenn es bei der Frage darum geht, welchem Zweck oder welcher Funktion die Form einer Birne dient, dann gibt es darauf keine Antwort. Es gibt zudem einige Birnensorten, deren Früchte nahezu apfelförmig sind. Hinsichtlich jener, die das nicht sind, lassen sich zum Warum einige Spekulationen anstellen. Vielleicht haben irgendwelche urzeitlichen Birnen Nutzen daraus gezogen, dass ihre Früchte unter den Blättern hervorragten, oder aber der lange Hals verhinderte eher, dass die Birnen – die weicher und größer als beispielsweise Holzäpfel sind – unreif herunterfielen. Eine andere Möglichkeit ist, dass bestimmte urzeitliche Vögel oder Fledermäuse, die die Samen verbreiteten, die Frucht mit dem Hals über weitere Strecken transportieren konnten.

Evelyn Pell
Blackburn, Lancashire, UK

Wahrscheinlich haben die Vorlieben menschlicher Obstpflücker hinsichtlich des Aussehens dazu geführt, dass bestimmte Formen und Farben vorherrschen. Schließlich ist es ja auch ganz hilfreich, bereits per Augenschein die verschiedenen Früchte unterscheiden zu können. Vielleicht ist das auch der Grund, warum man kaum kirschenähnliche Pflaumen in den Läden finden kann, obwohl sie auf den Bäumen weit verbreitet sind. Pflaumen werden offenbar auch nach der roten Farbe und nicht nach dem Geschmack ausgesucht, obwohl die gelben Sorten viel besser schmecken.

P. G. Urben
Kenilworth, Warwickshire, UK

Bei den Wildformen sind Äpfel und Birnen nahezu austauschbar. Hobbygärtner, deren Früchte nicht in vorgefertigte Kartons passen müssen, haben mitunter große Freude an den natürlichen Sorten.

Die Apfelformen reichen von abgeflacht über knopfartig bis zu asymmetrisch. Die USDA National Agricultural Library in Beltsville, Maryland, hat 345 alte Aquarelle von Birnen aus ihrer Sammlung eingescannt (www.ars-grin.gov/cor/pwc/pyrus-art-t.html). Just das erste Bild zeigt eine Akarayu oder Red Dragon, die so apfelförmig aussieht, wie man sich nur denken kann, aber eine Birne ist.

In Asien werden Birnen seit über 1500 Jahren angebaut, und dort ist die charakteristische Birnenform rund – im Gegensatz zur klassischen Birnenform, die wir am besten von den Sorten kennen, die im 17. Jahrhundert in Frankreich entstanden. Das war das Goldene Zeitalter westlicher Birnenzüchtung, das einsetzte, weil Ludwig XIV. Birnen liebte. Heute gibt es mehr als 5000 Birnensorten.

Asiatische Birnen, Nashi, sind mürber und saftiger als westliche, aber nicht, wie manche glauben, eine Kreuzung zwischen Apfel und Birne. Alle haben die gewisse Körnigkeit, die birnentypisch ist.

Toshi Knell
Nowra, New South Wales, Australien

Schwindlige Hunde

Wenn es heiß ist, hecheln Hunde, um sich Abkühlung zu verschaffen. Würde ich das tun, würde ich hyperventilieren und zu viel Kohlen-

dioxid ausatmen. Wie entgehen Hunde den Auswirkungen der respiratorischen Alkalose?

Andrew Benton
Birkenhead, Merseyside, UK

Jeder Atemzug, den ein Mensch (oder auch ein Hund) macht, umfasst ein gewisses Volumen an Luft, das in die Lungen dringt, und ein kleineres Volumen, das nur bis in die Wege zur Lunge gelangt. Dieses Volumen wird als »Totraum« bezeichnet, weil in Mund, Rachen, Trachee und Bronchien kein Gasaustausch zwischen Sauerstoff und Kohlendioxid stattfindet.

Rasches, flaches Atmen kann sich auf diesen Totraum beschränken, so dass die gasaustauschenden Alveolen der Lunge nicht hyperventiliert werden. Wenn Atem durch die luftleitenden Wege strömt, hat das eine kühlende Wirkung, weil sie mit Feuchtigkeit ausgekleidet sind, die verdunstet. Da Hunde keine Schweißdrüsen haben, nutzen sie dies, um sich abzukühlen. Für Menschen ist das nicht nötig, weil sie Schweißdrüsen besitzen, aber sie können es durchaus tun. Versuchen Sie einmal, ihren Atem »flattern« zu lassen, indem sie rasche, flache Atemzüge – mindestens 60 pro Minute – machen. Dann werden sie die Kühlwirkung im Mund, aber nicht den Schwindel, der mit Hyperventilation einhergehen kann, verspüren. Das ist jedoch etwas anstrengend …

John Davis
Anästhesist
Lancaster, UK

Einsamkeit

Fühlen sich Eisbären einsam? Ich will nicht schnoddrig sein, sondern herausfinden, warum Lebewesen wie Menschen oder Pinguine in Gesellschaft leben, während andere wie Eisbären und Adler eher allein bleiben.

Frank Anders
Amsterdam, Niederlande

Geselligkeit und Einzelgängertum sind jeweils artenspezifische Überlebensstrategien, die die verschiedenen Landtiere und Vögel angenommen haben. Große Raubtiere wie Eisbären, Grizzlys oder Tiger halten sich voneinander fern, um nicht in Konkurrenz zu den Angehörigen der eigenen Art zu geraten. Indem sie sich verteilen, vergrößern sie auch die Futter- und Nachwuchsreviere. Kommen sich Artgenossen zu nahe, können erbitterte Kämpfe um Nahrung, Geschlechtspartner und das Revier die Folge sein. Dasselbe gilt für viele Einzelgänger unter den Vögeln, etwa Adler und Kondore.

Diese Tiere treffen sich normalerweise zur Paarungszeit, um sich fortzupflanzen, und gehen entweder kurz nach der erfolgreichen Paarung oder sobald die Jungen aufgezogen sind wieder auseinander. In den meisten Fällen ist die Aufzucht der Jungen allein Angelegenheit des Weibchens. Von solchen Arten töten die Männchen sogar gelegentlich die Jungen, um den eigenen Reproduktionserfolg zu erhöhen.

Gesellige Tiere gewinnen hingegen Stärke durch die große Zahl. Die Antilopen in der afrikanischen Savanne oder die Pinguine in der Antarktis bilden große Kolonien, in denen sie sich zusammendrängen, um Wärme zu finden oder um sich gegenseitig vor dem potentiellen Angriff eines Räubers zu warnen. In einer großen Herde oder Kolonie sind die Verluste verschwindend gering im Verhältnis zu denen, die die Tiere in vereinzelten Gruppen erleiden würden.

Zwischen den Extremen Einzelgänger und Herde finden sich Tiere wie Löwen, Wildhunde und Wölfe, die häufig im Rudel jagen und unterschiedliche Grade von sozialer Interaktion und Kooperation an den Tag legen.

Ähnlich kann man auch bei Pflanzen fragen, warum manche gesellig und andere Solitäre sind. Eine bemerkenswerte Strategie ist die Allelopathie: Gesellige Pflanzen scheiden bestimmte Substanzen in die Erde aus, deren Komponenten verwandte Arten nicht ertragen können, und verringern so den Konkurrenzdruck. Wie bei den Tieren haben sich diese Strategien entwickelt, um die Überlebenschancen der Pflanzen zu erhöhen.

Saikat Basu
Lethbridge, Alberta, Kanada

Bären und Adler gesellen sich selten mit ihresgleichen, weil jedes Individuum sein eigenes, häufig karges Futterrevier verteidigen muss. Eisbären leben in einem Umfeld, in dem die Nahrungsquellen zu begrenzt sind, um eine große Gruppe zu unterhalten. Also ist es sinnvoll, der einzige Jäger in der jeweiligen Nische zu sein. Wo es reichlich Nahrung gibt, finden sich Bären wie Adler mit einem ausreichenden Grad von Einvernehmen zusammen.

Das Gegenteil gilt für gesellige Arten, zu denen auch der Mensch gehört. Sie stellen häufig die Beutetiere für andere dar und drängen sich zum Schutz vor dem Räuber zusammen – wobei das nicht der einzige Grund für die Gruppenbildung ist. Sobald die Nahrung knapp ist, trennen sich einzelne Individuen auch von der Gruppe, um auf Futtersuche zu gehen.

Es ist schwer zu sagen, ob ein Tier etwas empfindet, das dem Gefühl von Einsamkeit ähnelt, das Menschen verspüren. Äußerst gesellige Tiere wie bestimmte Papageien scheinen jedenfalls beeinträchtigt zu sein, wenn sie isoliert gehalten werden. Manche Papageien legen dann seltsame Verhaltensweisen bis hin zur Selbstverstümmelung an den Tag. Einige große Papageien werden »verrückt«, wenn man sie zu lange Zeit allein lässt.

Andererseits erscheinen gewisse Tiere, die von Natur aus Einzelgänger sind, so gut wie nicht davon betroffen. Manche Fische, insbesondere einige Buntbarsche, bekämpfen ihre Artgenossen heftig, wenn sich mehr als einer von ihnen im Aquarium befindet. Auch die nahezu flugunfähigen Guamrallen sind dafür bekannt, dass sie Artgenossen nicht tolerieren – was es naturgemäß schwer macht, sie in Gefangenschaft aufzuziehen.

Die Antwort auf die Frage ist also ein eingeschränktes Ja: Manche Tiere fühlen sich »einsam«, wenn sie von Natur aus sehr gesellig sind. Andere lassen sich jedoch nur zu bestimmten Zeiten und mit genau festgelegten Ritualen auf ihre Artgenossen ein, wenn es um die Paarung oder die Revierverteidigung geht.

Per E-Mail, ohne Namens- und Ortsangabe

Das hängt vom Bär und den Umständen ab. Einsamkeit ist die Reaktion auf das Fehlen von Gesellschaft, wo diese dienlich ist. Im Fall von Eisbären bedeutet Gesellschaft normalerweise Konkurrenz oder Bedrohung, also gehen sie anderen lieber aus dem Weg – solange die nicht klein genug sind, um gefressen zu werden. In bestimmten Situationen, wenn Futter und Nachwuchs nicht zur Debatte stehen, liefern sich die Männchen harmlose Ringkämpfe, um die Rangfolge zu etablieren, und verringern die Gefahr ernsthafter Kämpfe zur Paarungszeit. Aber das war's auch schon so ziemlich.

Eisbärjunge sind hinsichtlich Nahrung, Schutz und Ruhe auf ihre Mutter angewiesen, und sie benötigen andere Junge für Sozialisation, Wärme und Spielen. Weibchen mögen die Anwesenheit ihrer Jungen, halten aber andere adulte Tiere (und deren Junge) auf Distanz. Sobald die Jungen ausgewachsen (oder tot) sind, wird die Mutter bis zur nächsten Paarungszeit wieder zur Einzelgängerin. Und auch dann toleriert sie Männchen nur für kurze Zeit. Für sie gibt es keinen Grund, darüber hinaus Gesellschaft haben zu wollen.

All das ist Teil der Anpassung an die Umwelt. In Zoos, wo Sicherheit und Futter nicht erkämpft werden müssen, scheinen Eisbären oft glücklich über den Stimulus durch die Gesellschaft zu sein.

Jon Richfield
Somerset West, Südafrika

6 Unser Planet, unser Universum

Verteilungsfrage

Ist der Anstieg des Meeresspiegels auf allen Breitengraden gleich, wenn große Eisfelder abschmelzen, oder fällt er aufgrund der Erdrotation am Äquator größer aus? Falls es einen Unterschied gibt: Ist der bei der Debatte um die Auswirkungen der Eisschmelze berücksichtigt worden?

Per E-Mail, ohne Namens- und Ortsangabe

Obwohl die Auswirkung der Erdrotation relativ gering ist, ist die Verteilung der Meeresspiegelveränderungen alles andere als gleichmäßig.

Wäre die Erde komplett mit Wasser bedeckt und eine weitere Schicht Wasser käme hinzu, würde diese Schicht am Äquator um 0,5 Prozent dicker als an den Polen sein. Dies ist so, weil aufgrund der Erdrotation die Schwerkraft (die Summe von Anziehungskraft der Erde minus der durch die Rotation bewirkten gegenläufigen Zentrifugalkraft) am Äquator um 0,5 Prozent geringer als an den Polen ist. Bei einem Anstieg des Meeresspiegel um 7 Meter (womit bei einem Abschmelzen entweder des Grönlandeisschilds oder des Westantarktischen Schilds zu rechnen ist), fiele dieser am Äquator um rund 3,5 Zentimeter höher aus als an den Polen.

Eine weitere Auswirkung der Rotation resultiert daher, dass sich das schmelzende Eis von den Polen aus über den gesamten Globus verteilt, also von der Rotationsachse der Erde wegbewegt. Dies erhöht das Trägheitsmoment der Erde, wodurch sich nach dem Gesetz der Erhaltung des Drehimpulses die Erdumdrehung verlangsamt (ebenso wie ein Eisläufer, der eine Pirouette dreht, langsamer wird, wenn er die Arme ausstreckt).

Verteilt sich Wasser, das für 7 Meter Meeresspiegelanstieg gut ist, um den Globus, würde sich die Erdgeschwindigkeit um 1 Millionstel verlangsamen: Ein Tag würde circa 0,1 Sekunden länger und die Kraft, die die Ausbuchtung am Äquator bewirkt, würde abnehmen. Doch wenn diese Kraft etwas geringer wird, geht auch der zuvor genannte Effekt zurück. Also bleibt es bei wenigen Zentimetern Meereshöhenunterschied zwischen Polen und Äquator.

Der bei weitem stärkste Effekt würde durch Eigenanziehungskraft und Auflast hervorgerufen. Das Grönlandeis übt eine Anziehungskraft aus, die das Meerwasser zu ihm lenkt. Schmilzt das Eis, nimmt diese Anziehung ab, und das Meer fließt weg von Grönland. Außerdem würde sich die Erdoberfläche an dieser Stelle stärker wölben, wenn die schwere Eislast von der Insel schwindet. Dies bewirkt Masseumverteilungen in der Erde, die die durch den Verlust der Eismasse bewirkten Veränderungen im Gravitationsfeld ein Stück weit ausgleichen. Das Endergebnis wäre, dass sich der Meeresspiegel in einem Radius von 1000 Kilometern um Grönland leicht senken und weiter weg ein wenig stärker heben würde.

Wissenschaftler arbeiten daran, das Verteilungsmuster der Meeresspiegelveränderungen als »Fingerabdruck« einzusetzen, um zu erkennen, ob ein bestimmter Wandel Folge einer Eisschmelze auf Grönland, in der Antarktis oder sonstwo ist. Derzeit liefern die Messungen der Veränderungen im Gravitationsfeld durch die GRACE-Satellitenmission die besten Daten zur Schätzung der Massebilanz dieser Eisschilde.

Noch komplizierter wird die Angelegenheit, weil Meereshöhe nicht einfach gleich Meereshöhe ist. Die beständigen

Strömungen, die die Meereszirkulation ausmachen, bewirken Senken, die bis zu einem Meter vom »eigentlichen« Meeresspiegel abweichen. Fließt eine so große Menge Süßwasser ins Meer, verändern sich wahrscheinlich auch diese Strömungen, was zu noch komplizierteren Mustern der Meeresspiegelveränderungen führt.

Klimasimulationen berücksichtigen bislang nur die Veränderungen des globalen Durchschnittsmeeresspiegels sowie lokale Muster von Meeresströmungen. Die Auswirkungen von Eigenanziehungskraft und Auflast, die gesondert berechnet werden können, hinzuzufügen, eröffnet ein ganz neues Feld.

Chris Hughes
Proudman Oceanographic Laboratory
Liverpool, UK

Der Tag, an dem die Erde stillstand

Wie viel Kraft wäre nötig, um die Rotation der Erde zu stoppen? Wie lange würde es dauern, wenn man dafür die Triebwerke des Spaceshuttles benutzen würde? Und welche Auswirkungen hätte das auf unseren Planeten, vor allem hinsichtlich Wetter und Gezeiten?

Stephen Frost
Richmond, Surrey, UK

Das ist eine ausgezeichnete Frage, um rechnerische Fähigkeiten zu üben. Man benötigt nur ein wenig grundlegende Mechanik, die eine Winzigkeit komplizierter wird, weil es um Drehung geht. Einige der Zahlen habe ich gerundet.

Die Masse der Erde (m) beläuft sich auf 6×10^{24} Kilogramm und ihr Radius (r) auf $6{,}6 \times 10^{6}$ Meter. Unter der Annahme, dass es sich um eine homogene feste Kugel handelt, lässt sich ihr Trägheitsmoment (J) mit $0{,}4 \times m \times r^2$ bestimmen. Das Ergebnis lautet 1×10^{38} kg m^2.

Der Planet dreht sich in 24 Stunden (86 400 Sekunden) einmal, also beträgt seine Winkelgeschwindigkeit (ω) 4,16 × 10^{-3} Grad pro Sekunde oder korrekter 7 × 10^{-5} Radiant (rad) pro Sekunde.

Der Drehimpuls der Erde (L) ist das Produkt des Trägheitsmoments und der Winkelgeschwindigkeit ($J \times \omega$), was uns auf 7 × 10^{33} Newtonmeter (Nm) Sekunden bringt. Diesem Moment müssen die Triebwerke des Spaceshuttles entgegenwirken.

Der Schub (F) der Shuttletriebwerke beträgt beim Start rund 4 × 10^{7} Newton, und wenn der Shuttle tangential zur Erdoberfläche agiert, gilt für die Torsion (T) über dem Erdmittelpunkt $F \times r$, was 3 × 10^{14} Nm ergibt.

Diese Torsion, die im Lauf der Zeit (t) wirkt, verändert den Drehimpuls der Erde um $T \times t$. Die Zeit, die benötigt wird, um ihn auf null zu reduzieren, beträgt L/t, mithin 3 × 10^{19} Sekunden oder 840 Milliarden Jahre.

Das entspricht mehr als dem sechzigfachen Alter des Weltalls, und bis der Spaceshuttle seine Aufgabe erfüllt hat, dürfte es keine nennenswerten Wetter- und Gezeitenerscheinungen mehr geben. Und da ist noch ein anderes Problem: Wenn der benötigte Treibstoff von der Erde stammt, wird der Planet leichter und leichter. Lange bevor die Erde aufhört sich zu drehen, wäre die gesamte Masse der Erde als Brennstoff verbraucht.

Hugh Hunt
Dozent für Ingenieurwissenschaften, Trinity College
Cambridge, UK

Abgesehen vom armseligen Schub der Shuttletriebwerke, gäbe es ein grundlegendes Problem, wenn man sie in Bodennähe einsetzen wollte, um die benötigte Torsion zu bewirken. Ein Raketentriebwerk erzeugt Schub, indem es Stützmasse mit hoher Geschwindigkeit in die dem gewünschten Vortrieb entgegengesetzte Richtung ausstößt. In Bodennähe würde die Atmosphäre jedoch die ausgestoßene Masse rasch verlangsamen und dabei das Momentum der Masse übernehmen. Der Effekt der Triebwerkezündung wäre also nicht nur das Verlangsamen der Erdrotation, sondern auch die Beschleunigung der Atmosphärenrotation. Aufgrund der Friktion zwischen der Erde und ihrer Atmosphäre verlangsamt sich danach die Atmosphärenrotation, wodurch die Erdrotation wieder schneller wird. Das Endergebnis wäre daher null.

Um das zu vermeiden, müsste das Raketentriebwerk in einer Höhe arbeiten, wo die ausgestoßene Masse aus der Atmosphäre entweichen kann. Auf diese Weise würde ein wenig des Drehimpulses der Erde auf den Ausstoß der Rakete übertragen.

Zum Glück ist es nicht so einfach, die Erdrotation zu stoppen, denn ohne sie wäre die Erde ein längst nicht so angenehmer Ort. Tag und Nacht wie wir sie kennen würde es nicht mehr geben. Überall würde ein halbes Jahr lang die Sonne scheinen und dann sechs Monate Dunkelheit herrschen.

Gezeiten würde es weiterhin geben, weil der Mond nach wie vor um die Erde kreisen würde, doch statt zwei Tiden pro Tag hätten wir zwei in 28 Tagen. Positiv zu vermerken wäre, dass es keine Hurrikane mehr gäbe, denn ohne die durch die Erdrotation erzeugte Corioliskraft würde die Luft ohne Verwirbelungen von Hochdruck- in Tiefdruckgebiete fließen.

Ian Vickers
Harrison, Australian Capital Territory, Australien

Wenn jeder Tag ein Jahr lang wäre, gäbe es sechs Monate Dunkelheit mit einer Kälte, die die meisten Pflanzen abtöten und alles höhere Leben auslöschen würde. Die dunkle Seite wäre wesentlich kälter und die helle sehr viel heißer.

Ohne Rotation würde sich die Dynamik der Atmosphäre und der Meere grundlegend wandeln. Es könnte keine Hurrikane oder sich drehende Hoch- und Tiefdruckgebiete geben, und die Meeresströmungen würden sich auch verändern. Sobald die Erde aufgehört hätte sich zu drehen, würde die Anziehungskraft des Mondes die Rotation ganz langsam wieder einsetzen lassen, bis sie der Dauer des Mondumlaufs entspräche.

Da das Gleichgewicht der Atmosphäre von vielen biologischen und geochemischen Rückkopplungen abhängt, ist das, was als Nächstes geschieht, davon abhängig, wie viel Land und wie viel Meer dann auf der Sonnenseite liegt. Es kann auch sein, dass es bei den Tag- und Nachtlängen Grenzen gibt, jenseits derer ein komplexes Ökosystem und eine entsprechende Atmosphäre nicht mehr möglich sind.

Doch keine Angst, die Energiemenge, die nötig wäre, um die Erdrotation zu stoppen, ist so immens, dass nichts, was Menschen bewerkstelligen können, dies je erreichen wird.

J. McIntyre
Balsham, Cambridgeshire, UK

Eissummen

Ich habe gelesen, die Flüsse im Himalaja würden versiegen, wenn die Gletscher verschwinden. Wenn die Gletscher weder schrumpfen noch wachsen würden, müsste doch die Wassermenge, die die Flüsse speist, in etwa den Niederschlägen im Himalaja während desselben Zeitraums entsprechen. Geht man davon aus, dass die Regenmenge sich nach dem Verschwinden der Gletscher nicht ändert, wieso sollen die Flüsse dann nicht weiterhin mit derselbe Wassermenge gespeist werden?

Felix Lim
Südaustralien

Die Wassermenge in einem Flusses hängt nicht allein von der Regenmenge ab, die während eines Jahres fällt, sondern auch davon, wann das geschieht und wie viel es zum jeweiligen Zeitpunkt ist. Im Allgemeinen erhalten von Gletschern gespeiste Flüsse durch schmelzendes Eis ein stetiges Rinnsal im Winter und einen größeren Zulauf, wenn die Temperaturen im Frühjahr ansteigen.

Sind die Gletscher verschwunden, gibt es kein langsam schmelzendes Eis und somit auch keine Regulierung des Wasserzuflusses durch den Gletscher mehr. Stattdessen erreicht aller Regen den Flusslauf sofort, und in Trockenperioden ist überhaupt kein Wasser vorhanden. Anstelle eines Flusses, der das ganze Jahr über eine von der Temperatur abhängige Wassermenge führt, hat man die meiste Zeit einen wesentlich niedrigeren Wasserstand und nach Regenfällen einen höheren. Aufs Jahr gesehen bleibt der durchschnittliche Wasserstand zwar tatsächlich gleich, aber im Extremfall würde das den Unterschied zwischen einem beständigen Fluss und einem trockenen Flussbett mit zeitweiligen Überschwemmungen bedeuten.

Die hier angestellten Überlegungen vergleichen das Fehlen von Gletschern mit gleichbleibenden Gletschern. In Wahrheit nehmen die Gletscher aber seit dem Ende der letzten Eiszeit ab. Sobald alles Eis geschmolzen ist, erreicht insgesamt weniger Wasser die Flüsse, daher wird der durchschnittliche Wasserstand niedriger liegen, und größere Schwankungen werden auftreten.

Rick
Didcot, Oxfordshire, UK

Gletscher fungieren als Speicher, die für einen gleichmäßigeren Wasserfluss sorgen, so dass es Generationen dauert, bis die Niederschläge eines bestimmten Jahres ins Meer gelangen.

Ohne Regulierung durch Gletscher könnten die Niederschläge der Regensaison – möglicherweise der gesamte Regen eines Jahres – binnen weniger Monate abfließen und für den Rest des Jahres verwüstete und erodierende Täler zurücklassen. Der Puffereffekt durch Gletscher ist immens.

Alicia Jones
Cardiff, UK

Wandernder Sand

Wie hoch ist die Sandschicht in der Sahara, und was liegt direkt darunter? Die Erosion durch Wind ist ja erheblich in der Sahara, und ihr Sand ist Tausende von Kilometern entfernt zu finden. Wird er irgendwie erneuert?

Barry Ireland
Maidstone, Kent, UK

Die Sahara besteht nicht nur aus Sandgebieten, doch dort, wo der vom Wind herangetragene Sand aus irgendeinem Grund liegen bleibt, wird sich wahrscheinlich noch mehr ansammeln. An diesen Stellen entstehen vom Wind geformte Dünen, deren Verhalten erstaunlich komplex ist.

Oberflächensand über Erde oder gewachsenem Fels türmt sich selten höher als zweihundert Meter, eine Ausnahme macht die Auffüllung uralter Täler oder Seen. Solch tiefer Sand und poröser Sandstein stellen enorme Grundwasserreservoire dar. Und ja, Sand bildet sich ständig neu, weil die Erosion durch Wasser, Frost und vom Wind herangetragene Partikel Körnchen von den Felsen absprengen. Umgekehrt verfestigen sich tiefe, feuchte Sandschichten zu Sandstein, der dann vielleicht nach Millionen Jahren wieder denselben Zyklus durchläuft.

Wesentlich dickere Sandschichten bilden die Schwemmkegel unter Wasser, die sich an Flussmündungen sammeln.

Noch weit interessanter ist, dass das Mittelmeer während der letzten zig Millionen Jahre mehrfach trockengefallen ist. War das der Fall, erodierten die Flüsse, die in das Becken flossen, ihre Betten zu riesigen Canyons, die wieder versandeten, wenn das Meer zurückkam. Das Nildelta besteht aus mehr oder weniger kompaktem Treibsand, der kilometerdick ist. Die Erosionskraft des Flusses kann daraus einen unterirdischen Canyon formen, der einst den Grand Canyon in den Schatten gestellt hat.

Jon Richfield
Somerset West, Südafrika

Mit über 9 Millionen Quadratkilometern ist die Sahara die größte Wüste der Welt, aber ihre Topographie ist nicht einheitlich. Rund 15 Prozent des Gebiets sind mit Sanddünen bedeckt, 70 Prozent sind Steinwüsten aus nacktem Fels und grobem Kies, der Rest Oasen und Bergketten.

Unter den Dünen liegen unterschiedliche Felsarten. In Algerien und Libyen wurden auch Öl- und Gasvorkommen entdeckt, doch die sind so schwer zugänglich, das sie nicht ausgebeutet werden.

Dieselben Kräfte, die den Sand aus der Sahara tragen, sorgen im Wesentlichen auch für seine Wiederaufstockung: Der Wind weht nicht nur Sand aus dem einen Bereich weg, sondern erodiert auch den Felsen in anderen, so dass der Sand dadurch ersetzt wird.

Ian Smith
London, UK

Sonnengeräusche

Stimmt es, dass die Geräusche der Sonne uns alle taub machen würden, wenn die Erdatmosphäre bis zur Sonne reichen würde? Welchen Geräuschpegel entwickelt die Sonne? Und welche anderen Effekte würden dann auftreten?

Pat Morgan
Greenock, Renfrewshire, UK

Sonne und Erde durchdringen bereits wechselseitig ihre Atmosphären, aber das meiste Gas zwischen ihnen ist so dünn, dass die Geräusche des Sonnenwindes, der auf unsere Magnetosphäre trifft, nicht gegen Verkehr, Popmusik oder Streitereien ankommen. Selbst wenn das Gasgemisch so dicht wie unsere Atmosphäre auf Meereshöhe wäre, würden die lautesten Sonnengeräusche wahrscheinlich ein unhörbares Rumoren im Infraschallbereich sein, das aufgrund des langen Wegs sehr geschwächt ankäme.

Doch über andere Dinge müssten wir uns dann eher Sorgen machen als über Lärm. Die Sonne wäre kaum mehr zu sehen: Unsere Atmosphäre wäre zu dicht, um noch viel Licht hindurchzulassen, wenn sie sich über 150 Millionen Kilometer bis zur Sonne ausdehnen würde. Zudem würde sie so ein Gewicht von weit über 15 × 10^{30} Tonnen haben – das mehrtausendfache der Sonne samt all ihrer Planeten. Sie würde kollabieren und der dabei entstehende Feuersturm würde jeden Planeten im Umkreis von mehreren Lichtjahren unfruchtbar machen.

Jon Richfield
Somerset West, Südafrika

Eine Atmosphäre wie auf Meereshöhe, die sich bis zur Photosphäre der Sonne erstreckte, würde weder Sicht- noch Hörbares von der Sonne hindurchlassen. Die ungeheure Dichte der Luft würde die Sonnenstrahlen abblocken: Sonnenauf- und

-untergänge demonstrieren diesen Effekt in kleinerem Maßstab, indem sie in der Dämmerung das Sonnenlicht reduzieren und rot färben.

Was die Geräusche angeht, so haben wir bereits einen vergleichbaren Effekt: Wir hören kein unablässiges Sperrfeuer von Donnerschlägen, obwohl es sie ständig rund um die Welt gibt. Das ist der begrenzten Strecke zu verdanken, auf der sich der Schall in der Atmosphäre ausbreitet. Wir würden also nicht durch Sonnenfleckenlärm taub, sondern aufgrund der Abschottung erfrieren, die die Mauer aus Luft darstellen würde.

Das Szenario berücksichtigt nicht, dass die Dichte von Planetenatmosphären aufgrund der Schwerkraft variiert. Wenn sich die Erdatmosphäre bis zur Sonne erstrecken und dicht genug sein sollte, um Schall zu leiten, bestünde sie wahrscheinlich über den größten Teil der Strecke aus massivem Eis, das merkwürdige Effekte hinsichtlich Gravitation und Umlaufbahn hervorrufen und einen menschlichen Beobachter auf der Erdoberfläche unter sich begraben würde.

Michael Burberry
Oxford, UK

Ich weiß, dass es nicht im Sinne dieser Bücher ist, die Prämissen der Fragen anzufechten, aber um sich das auszumalen, was diese Frage impliziert, bedarf es eines vorkopernikanischen oder geozentrischen Modells des Sonnensystems. Das Bild einer Erde, die eine Atmosphäre mit sich schleppt, die bis zur Sonne reicht, passt nicht ganz in meinen Kopf. Es ist viel einfacher, sich vorzustellen, dass die Sonnenatmosphäre sich bis herüber zur Erde erstreckt – was sie in gewissem Sinn ja auch tut.

Schlussendlich könnte es möglich sein, die Antwort auf die Frage praktisch zu überprüfen, aber bis dahin dauert es noch eine Weile. Wenn die Sonne stirbt, wird sie zu einem roten Riesen, der die Erde verschlingt. Als Erstes trifft uns aller Voraussicht nach die äußere Atmosphäre der Sonne. Wenn Leben, wie wir es kennen, das überstehen will, muss es die dem Untergang geweihte Erde verlassen. Aber vielleicht können jene, die zuletzt gehen, überredet werden, nicht nur das Licht auszuschalten, sondern auch ein paar Mikrophone aufzustellen, damit wir hören können, was passiert.

Bryn Glover
Carcoe, North Yorkshire, UK

Ein Tropfen im Meer

Wenn man rund um die Welt alle Schiffe aus dem Wasser ziehen würde, wie stark würde der Meeresspiegel dann sinken?

Richard Higginson
Per E-Mail, ohne Ortsangabe

Laut Archimedischem Prinzip sinkt ein Körper ein, bis er so viel Wasser verdrängt, wie sein eigenes Gewicht ausmacht. Deshalb haben voll beladene Schiffe auch mehr Tiefgang als leere. Jede Tonne eines Schiffs oder seiner Fracht verdrängt einen Kubikmeter Wasser.

Kriegsschiffe werden nach ihrer Verdrängung bezeichnet. Die Verdrängung der gesamten Militärflotten der Welt beläuft sich auf rund 7 Millionen Tonnen.

Die Handelsflotte ist wesentlich größer und komplizierter zu berechnen, denn hier wird die Tragfähigkeit in Dead Weight Tonnes (DWT) angegeben, also die Menge an Fracht, die das leere Schiff zuladen kann, ohne dass es Gefahr läuft zu kentern. Welche Menge Wasser vom unbeladenen Schiff verdrängt wird, wird nicht verzeichnet. Die *Knock Nevis*, die in den 1970er Jahren vom Stapel lief, ist immer noch das größte Handelsschiff im Dienst. Sie kann bis zu 564 763 DWT Ladung aufnehmen und verdrängt leer 83 192 Tonnen Wasser.

Die gesamte Handelsflotte der Welt umfasst 880 Millionen DWT. Wenn die leeren Schiffe dieselbe Tonnage an Wasser verdrängen wie sie an Fracht aufnehmen können, würde die voll beladene Flotte 1760 Millionen Tonnen verdrängen. Zählt man die Militärflotte hinzu, sind es 1767 Millionen Kubikmeter Wasser, die die großen Schiffe der Welt insgesamt verdrängen. Verteilt auf die (rund 360×10^{12} Quadratmeter) Meeresoberfläche, würden diese Schiffe den Meeresspiegel um ganze 5 Mikrometer heben. Die etwas höhere Dichte von Meerwasser spielt für diese Berechnung keine nennenswerte Rolle.

Das Frachtaufkommen steigt jährlich um etwa 3 Prozent, was dasselbe ist, als würde man den Inhalt von 10 Schwimmbecken mit olympischen Maßen in die Ozeane gießen. Das ist wahrlich ein Tropfen im Meer – ein 25 000stel des jährlichen Anstiegs des Meeresspiegels.

Mike Follows
Willenhall, West Midlands, UK

Freier Fall

Welches ist die größte Höhe, aus der man mit dem Fallschirm abspringen kann, und warum gibt es da eine Grenze?

James Tidey
Bristol, UK

Der Hauptfaktor, der die Höhe begrenzt, ist das Luftfahrzeug, aus dem man abspringt. Kein bemanntes Flugzeug ist im Horizontalflug wesentlich höher als 26 000 Meter gekommen, und in dieser Höhe ist die Geschwindigkeit zu groß, um einen Menschen abzusetzen. Raumschiffe kommen höher, sind aber noch schneller, und der Springer bräuchte einen Hitzeschild, um den Wiedereintritt zu überleben. Die einzigen bemannten Luftfahrzeuge, die in die Lücke zwischen Flugzeug und Raumschiff vordringen können, sind Ballone. Somit ist die maximale Höhe jene, die ein Ballon erreichen kann. Der Rekord liegt hier bei 34 668 Metern und wurde am 4. Mai 1961 von den US-Navy-Offizieren Victor Prather und Malcolm Ross erreicht, die von der USS *Antietam* über dem Golf von Mexiko aufgestiegen sind. Abgesprungen sind sie allerdings nicht.

Der Höhenrekord im Fallschirmspringen wurde von dem US-Air-Force-Angehörigen Joseph Kittinger aufgestellt, der am 16. August 1960 in 31 333 Metern Höhe aus einem Ballon absprang. Er befand sich 4 Minuten und 36 Sekunden im freien Fall und erreichte eine geschätzte Höchstgeschwindigkeit von 1150 Kilometern pro Stunde. Den Fallschirm öffnete er bei 5500 Metern.

Martin Gregorie
Harlow, Essex UK

Normalerweise springt man aus einer Höhe von unter 4200 Metern. Diese Grenze zieht das Anoxie-Risiko. Zudem kann bei Sprüngen aus größerer Höhe die dichter werdende Luft dem Springer im freien Fall Probleme bereiten.

In der unteren Atmosphäre beschleunigen Springer etwa 10 Sekunden, bis der zunehmende Luftwiderstand ihrem Gewicht entspricht. Dies geschieht bei einer Endgeschwindigkeit von rund 55 Metern pro Sekunde. Je dichter die Luft wird, um so mehr nimmt die Endgeschwindigkeit ab. Die meiste Zeit im freien Fall nimmt die Geschwindigkeit der Springer ab.

Fällt man durch höhere, dünnere Luftschichten, wäre man schneller als die Endgeschwindigkeit in dichter Luft, wenn man auf diese trifft und der Luftwiderstand am höchsten wird. De facto würde man mit der Atmosphäre zusammenprallen. Bei seinem Sprung im Jahr 1960 machten sich diese Kräfte bei Kittinger durch Atemnot bemerkbar, die bei 1,2 *g* in rund 23 000 Metern am stärksten war.

Ein Sprung aus 75 000 Metern würde einen Aufprall mit 3 *g* in etwa 31 000 Metern Höhe bedeuten, der sich über gut 20 Sekunden fortsetzen würde, ehe der Sprung zum normalen Ereignis ohne besondere Vorkommnisse würde. Springer, die aus einer niedrigen Umlaufbahn wieder in die Atmosphäre eintreten, müssen nicht viel mehr als 3 *g* aushalten, wenn sie den Körper quer zum Luftstrom halten, um die Dauer des Anpralls zu verlängern. Allerdings wird es ziemlich heiß.

Ich schreibe mit der Erfahrung von 2000 Fallschirmsprüngen.

Roger Clifton
Larrakeyah, Northern Territory, Australien

Kittinger trug einen Druckanzug, um sich vor dem niedrigen Druck in der Stratosphäre zu schützen. Das Hauptproblem bei einem derartigen Sprung ist jedoch, sich während des freien Falls zu stabilisieren. Zu Kittingers Ausrüstung gehörte ein kleiner Stabilisierungsschirm, doch der versagte beim ersten Versuch, so dass er mit einem Spin von 120 Umdrehungen pro Minuten nach unten fiel. Er wurde ohnmächtig und überlebte nur, weil sich sein Hauptschirm automatisch öffnete.

Der höchste Fallschirmsprung, der je ernsthaft geplant wurde, hätte im Rahmen des »Project Moose« erfolgen sollen. Das war ein amerikanisches Forschungsprojekt Anfang der 1960er Jahre, bei dem es um die Entwicklung eines Systems ging, das es Astronauten ermöglichen sollte, sich in niedriger Erdumlaufbahn aus einem Raumschiff zu retten. Der mit einem Raumanzug geschützte Astronaut sollte auf der Brust einen Fallschirm und auf dem Rücken einen zusammengefalteten Plastiksack tragen. Ein unter Druck stehender Kanister sollte den Sack entfalten und mit Polyurethanschaum füllen, so dass er einen Hitzeschild bildete. Um die Umlaufbahn zu verlassen und wieder in die Atmosphäre einzutreten, sollte der Astronaut eine in der Hand gehaltene Rakete benutzen. Nachdem er durch den Hitzeschild geschützt war, brauchte der Astronaut nur zu warten, bis ihn die dichtere untere Atmosphäre abbremsen würde, und dann den Fallschirm öffnen und den Schild abwerfen.

Die von General Electric durchgeführten Arbeiten zeigten, dass die Idee zwar exotisch, aber nicht undurchführbar war. Ein Prototyp des Hitzschilds wurde gebaut, und Proben des Schaums wurden auf Raumflüge mitgenommen. Doch weder die NASA noch die Luftwaffe interessierten sich sonderlich für das Projekt.

M. T. Morton
University of East Anglia
Norwich, UK

Die längste Strecke, die ein mit einem Schutzanzug bekleideter Mensch im freien Fall Richtung Erde zurücklegen könnte, sind rund 320 000 Kilometer. Das ist etwa der Punkt, wo die Anziehungskräfte von Erde und Mond gleich sind. Würde man aus der Ruheposition starten, bräuchte man rund 240 Jahre, um die Erdoberfläche zu erreichen.

Kevin Bastien
Jasper, Indiana, USA

Jemand, der aus dem All Richtung Erde fällt, würde die Atmosphäre mit einer Geschwindigkeit erreichen, die nur leicht unter der Fluchtgeschwindigkeit von 11 100 Metern pro Sekunde liegt. Deshalb haben Raumschiffe Hitzeschilde und treten in einem flachen Winkel in die Atmosphäre ein, um langsamer zu werden.

Um kinetische Energie abzubauen, sollten Raum-Fallschirmspringer, die vertikal fallen, besser zwei zu opfernde Fallschirme und einen konventionellen haben. Der erste wäre riesig, nämlich effektiv ein Sonnensegel. Der Springer müsste ihn Tausende von Kilometern außerhalb öffnen und seine Geschwindigkeit durch Lavieren im Sonnenwind verringern. Wenn dieser aus der Erdumlaufbahn käme, würde das ziemlich heikel. Zudem würde niemand gern zu lange im inneren Van-Allen-Strahlungsgürtel verbleiben. Der zweite müsste ein großer Fallschirm für die obere Atmosphäre sein, der den Springer von einigen hundert Kilometern Höhe auf Kittingers 30-Kilometer-Ausgangspunkt tragen müsste. Dort könnte der freie Fall einsetzen und schließlich der konventionelle Fallschirm geöffnet werden.

Bislang haben wir nicht die Technologie, um die ersten beiden Fallschirme zu bauen. Und jeder, der den Sprung wagen und dabei einen Fehler machen würde, würde zum spektakulären Meteor werden.

Adrian Bowyer
Abteilung für Maschinenbau
University of Bath, UK

Der Franzose Michel Fournier plant seit vielen Jahren einen Fallschirmsprung aus 40 000 Metern Höhe. Sein letzter Versuch im Mai 2008 schlug fehl, weil der Heliumballon, der ihn in die Stratosphäre bringen sollte, eine Fehlfunktion aufwies und ohne Fournier abhob. Fournier will es unbedingt erneut versuchen. – Red.

Sandinseln

Bei einem Strandspaziergang Ende April auf Mallorca fielen mir einige ungewöhnliche Muster auf dem Meeresboden auf, die von kleinen, auf dem Wasser treibenden Sandflecken stammten. Wieso bilden sich diese Sandflecken, und wieso haben ihre Schatten auf dem Grund außen und an den Löchern in der Mitte leuchtende Ränder?

Tim Pickles
Brough, East Yorkshire, UK

Der Effekt ist ziemlich spezifisch und wahrscheinlich eher an der Westküste der Britischen Inseln als auf Mallorca zu beobachten. Der Sand muss fein und trocken sein und vom Wind herangetragen werden – jene Art Sand, aus dem Dünen sind. Angetrieben vom Wind fliegt der Sand einige Zentimeter oberhalb des Strandes, und manches davon landet auf der Oberfläche von Wasser, das sich in der Flugbahn befindet, auch auf dem ruhigen Meer.

Es dauert ein paar Minuten, bis trockener Sand durchnässt ist, und zunächst gibt es einen »Kontaktwinkel« zwischen der Schnittstelle Luft/Wasser und der Oberfläche des Sandkorns. Das Ergebnis ist, dass das Korn wie auf einem Trampolin auf der Wasseroberfläche liegt, wobei sich diese rund um jedes Korn nach unten wölbt. Die Oberflächenspannung, die hier beteiligt ist, zieht auch andere, auf dem Wasser treibende Sandkörner an, so dass sich Flöße aus Sandkörnern bilden. Um diese »Sandinseln« herum fungiert der Wasser-Meniskus als eine konvexe zylindrische Linse.

Wenn die Wassertiefe in etwa der Brennweite dieser Linse entspricht, wird die Sonne als helle Linie am Rand des Schattens abgebildet, so wie es der Fragesteller beobachtet hat. Schlussendlich werden die Sandkörner nass und sinken auf den Grund.

David Stevenson
Newbury, Berkshire, UK

Der beobachtete Effekt resultiert aus der Oberflächenspannung. Wenn der Sand auf die Oberfläche gelangt, drückt er das Wasser nach unten, so dass der Wasserspiegel unter der Sandinsel eine Winzigkeit unterhalb des umgebenden Wassers liegt und eine Kurve zwischen den beiden Ebenen entsteht. Dies hat denselben Effekt wie eine konvexe Linse, die das Sonnenlicht auf den Grund fokussiert und den leuchtenden Saum um den Inselschatten bewirkt.

Ein anderes Beispiel für diesen Effekt kann man bei den Wasserläufern sehen, die disproportional große und fleckige Schatten mit einer silbrigen Linie darum werfen. Dies ist der Fall, weil das Licht, das normalerweise vermeintlich direkt unter dem Rand des Insekts auftreffen sollte, durch die gebogene Wasseroberfläche von ihm weg gebrochen wird und so den Schatten vergrößert.

A. Anderson
Ramsgate, Kent, UK

Inflationstheorie

Was geschieht, wenn man einen Ballon mit Helium aufbläst und im Weltall fliegen lässt?

Kathryn Bergin
Rosewater, Südaustralien

Wenn der Ballon in einem Raumschiff mit Atmosphärendruck aufgeblasen und dann im All losgelassen wird, wo der Druck nahe null ist, würde er aufgrund des plötzlichen Anstiegs des Druckunterschieds zu beiden Seiten seiner Außenhaut wahrscheinlich sofort platzen. Ist die Außenhaut jedoch stark genug, dehnt sich der Ballon aus statt zu platzen.

Wird der Ballon außerhalb des Raumschiffs aufgeblasen (oder übersteht die Freisetzung aus dessen Inneren), bewegt er sich wie jedes andere Objekt gleicher Masse, denn in einem Vakuum gibt es keinen Luftwiderstand. Es wurde beispielsweise mit Experimenten aufgezeigt, dass eine Feder in einem

Vakuum mit derselben Geschwindigkeit wie ein Bleigewicht fällt.

Simon Iveson
Mayfield, New South Wales, Australien

Wenn der Ballon nicht sofort platzt, hängt sein weiteres Schicksal davon ab, wo er losgelassen wird und wie schnell er unterwegs ist.

Es gibt drei Szenarien. Wenn der Ballon auf einer Höhe ausgesetzt wird, wo der Luftwiderstand zu vernachlässigen ist, und er genug Geschwindigkeit in die richtige Richtung hat, wird er so lange im All herumfliegen, bis er von einem kleinen Objekt, etwa einem Stück Weltraumschrott oder einem Meteoriten, durchbohrt wird.

Wenn sich der Ballon hingegen zu tief nach unten bewegt und auf die Erdatmosphäre trifft, während seine Geschwindigkeit noch hoch ist, wird er verdampfen oder verbrennen. Doch wenn er mit niedriger Geschwindigkeit just oberhalb der Atmosphäre losgelassen wird, fällt er, bis ihn die Atmosphäre abbremst. Dann erreicht der Ballon eine Gleichgewichtshöhe, in der der Auftrieb gleich seinem Gewicht ist. Dort bleibt er dann, bis er durchbohrt wird oder das Material ermüdet, so dass er platzt.

E. T. Kvaalen
La Courneuve, Frankreich

Die einfache Antwort lautet, dass sich der Ballon genau wie jedes andere Objekt verhält, das im All freigesetzt wird: Er würde sich weiter auf derselben Flugbahn bewegen, bis eine andere Kraft auf ihn einwirkt. Würde er in der Nähe eines Planeten oder vergleichbaren Objekts losgelassen, würde er in eine Umlaufbahn darum einschwenken.

Dies war der Fall bei Echo 1A und Echo 2, einem der ersten US-Experimente mit Kommunikationssatelliten. (Echo 1A wird allgemein als Echo 1 bezeichnet, aber der ursprüngliche Satellit Echo 1 wurde zerstört, als seine Trägerrakete vom Typ Delta am 13. Mai 1960 beim Start versagte.)

Beide Echo-Satelliten waren Ballone (von den NASA-Technikern mit dem Spitznamen »Satellone« versehen), hatten voll aufgeblasen einen Durchmesser von 30,5 Metern und bestanden aus einer metallverkleideten Mylarhülle. Die Satelliten dienten dazu, Funksignale zu reflektieren, insbesondere interkontinentale Telefon- und Fernsehsignale. Dabei fungierten sie rein passiv: Die Funkwellen wurden einfach von den glänzenden Oberflächen reflektiert. Deshalb und weil sie nur eine relativ niedrige Umlaufbahn hatten (zwischen 1519 und 1687 Kilometern über der Erde), konnte man sie rund um den Globus deutlich sehen.

Ihre bemerkenswert hohe Albedo ließ diese Satelliten heller als ein Stern erster Größe (der hellste Stern einer bestimmten Konstellation) erstrahlen und führte einst den Science-Fiction-Autor Arthur C. Clarke ad absurdum. Damals besprach er mit Stanley Kubrick Ideen für ein Drehbuch, das später zu *2001: Odyssee im Weltraum* wurde. Clarke hatte dem Regisseur gerade ausgeredet, UFOs in die Handlung einzubauen, als die beiden Männer den Himmel über Kubricks New Yorker Wohnung betrachteten und zu ihrer Verblüffung eine klassische Fliegende Untertasse entdeckten, die ruhig ihre Bahn zog. Es war Echo 1A.

Die Echo-Ballone wurden auch bei verschiedenen Messungen wie Atmosphärendichte, Sonnendruck und Dynamik großer Raumschiffe sowie weltweiter geometrischer Geodäsie genutzt. Das Echo-Programm erlaubte es dem Pentagon auch, die genaue Lage von Moskau festzustellen und so das unglückselige Ziel zu verwirklichen, ihre Marschflugkörper genau auf die sowjetische Hauptstadt auszurichten. PAGEOS, ein dritter NASA-Ballonsatellit, diente einzig geodätischen

Forschungen und wurde 1966 auf eine polnahe Umlaufbahn gebracht.

Ihre erfolgreichen Einsätze beweisen, dass ein Ballon problemlos im All aufgeblasen werden kann, aber für seinen weiteren Aufenthalt dort gelten einige Unterschiede. Wenn die Hülle dem direkten Sonnenlicht ausgesetzt ist, wird der Ballon rotieren, weil sich das Gas auf der der Sonne zugewandten Seite schneller ausdehnt. Außerdem bekommt er zunehmend Schub durch Gas, das an dieser Stelle austritt: Kein Material ist für die Gase Helium oder Wasserstoff absolut undurchlässig, und die verstärkte Gasausdehnung dehnt auch die Hülle und macht sie noch durchlässiger.

Nach einer gewissen Zeit ist das Gas aus der Hülle entwichen. Doch der Ballon wird nicht auf herkömmliche Weise schrumpfen, sondern seine Kugelform auch noch behalten, wenn er komplett leer ist, weil kein Druck existiert, der ihn zusammenpresst, wie das in der Erdatmosphäre geschieht.

Während des Echo-Programms zeigte sich auch, dass Ballone wegen ihrer großen Oberfläche und geringen Masse anfällig für den Druck sind, der von dem als »Sonnenwind« bezeichneten Strom geladener Teilchen ausgeht. Außerhalb einer Erdumlaufbahn würde ein Ballon mit diesem Strom fliegen – wie sein terrestrisches Gegenstück mit dem Jetstream – und könnte eigentlich eine weitaus einfachere Alternative zu dem viel propagierten Sonnensegel sein, wenn es um kostengünstige Sonden für die Erkundung des ferneren Weltraums geht.

Hadrian Jeffs
Norwich, UK

7 Transportprobleme

Crashkurs

In der Fernsehserie Night Rider *fährt Hauptdarsteller David Hasselhoff sein sprechendes Auto K.I.T.T. (Knight Industries Two Thousand) über eine Rampe auf einen fahrenden Lastwagen, die vom hinteren Ende auf die Straße reicht, und das geschieht häufig in vollem Tempo. Ähnliches passiert in der ursprünglichen Version des Spielfilms* Charlie staubt Millionen ab *mit Michael Caine, wo Minis von hinten in einen umgebauten Bus fahren. Ist das überhaupt möglich? Sobald sich das Auto auf der Rampe befindet, bewegt es sich relativ zum Lastwagen und hat damit nur die Länge von dessen Innenraum als Bremsweg, was bedeutet, dass es wahrscheinlich ins Fahrerhaus kracht. Habe ich damit recht?*

Jim Bob Hinks
University of Newcastle, UK

Dieser Stunt ist möglich. Das hat alles mit Relativität zu tun. Der Bus fährt ein wenig langsamer als die Minis. Wenn der Mini mit 41 Kilometern pro Stunde herankommt und der Bus mit 40 Kilometern pro Stunde fährt, beträgt die relative Geschwindigkeit 1 km/h. Das Ergebnis ist nahezu dasselbe wie den Wagen in eine Garage zu fahren.

Ich sage »nahezu«, denn in dem Augenblick, in dem der Mini auffährt, sind Motor, Getriebe und Räder viel zu schnell für eine Geschwindigkeit von 1 km/h. Somit drehen sich beim Übergang Straße/Rampe die Vorderräder des Frontantrieblers mit der falschen relativen Geschwindigkeit. Daher entsteht, wenn die Reifen die Rampe berühren, ein ähnlicher Effekt wie wenn man den Motor im Leerlauf hochdreht und dann plötzlich die Kupplung loslässt: durchdrehende Räder und viel Abrieb. In diesem Fall sind es aber natürlich nicht die Reifen, die die Straße zum Glühen bringen, sondern die Rampe, die die Räder langsamer macht.

Sobald die Antriebsräder die Rampe berühren, macht das Auto einen Satz nach vorn. Ein Treten der Kupplung stoppt das, und der Fahrer muss schnell herunterschalten, ehe er das Auto in den Bus fährt als wäre der eine ortsfeste Garage – abgesehen von etwas zusätzlicher Geschwindigkeit anfangs auf den Hinterrädern.

Terence Hollingworth
Blagnac, Frankreich

Bei einer relativen Geschwindigkeit von etwa 10 km/h – dem Tempo eines Joggers – kann man ein Auto leicht auf kurze Distanz zum Stehen bringen, allerdings ist das Abstoppen der schnelldrehenden Räder von reichlichem Kreischen begleitet, woraus möglicherweise die Verwirrung resultiert. Vielleicht ist es einfacher, sich ein kleines Flugzeug vorzustellen, das auf der Ladefläche des Lastwagens landet: Solange die Differenz der Geschwindigkeiten von Flugzeug und Lastwagen gering ist, kann man problemlos auf dem eingeschränkten Raum landen.

Transportbänder in Flughäfen bieten eine weitere Perspektive. Damit wir keinem Ruck ausgesetzt werden, wenn wir unseren Trolley auf das laufende Band rollen, versuchen wir, mit etwa derselben Geschwindigkeit wie das Transportband zu gehen. Und sobald wir auf dem Band sind, hören wir auf zu ziehen. Wenn wir sichergestellt haben, dass sich der Trolley mit der richtigen Geschwindigkeit bewegt, bleibt nichts mehr zu tun übrig, nachdem sich die Trolleyräder nicht mehr drehen, wofür die Reibung gesorgt hat.

Hugh Hunt
Cambridge, UK

Am interessantesten ist vielleicht, was passiert, wenn dieser Stunt nicht ganz richtig klappt.

Mit einem Schaltgetriebe wäre jeder Versuch, direkt von der Straße langsam die Rampe hinaufzufahren, zum Scheitern verurteilt. Der Motor würde abgewürgt, sobald die angetriebenen Räder auf der Rampe wären. Das würde bei einem Frontantriebler wie dem Mini dazu führen, dass die Vorderräder stillstehen, während die Hinterräder die Straßengeschwindigkeit haben. Versucht man, den Mini mit Hilfe der Bremsen auf der Rampe zu halten, während man den Motor neu startet und in den ersten Gang schaltet, werden die Hinterräder langsamer und ziehen das Auto von der Rampe herunter, so dass es mit einer Geschwindigkeit auf der Straße landet, die für den ersten Gang zu groß ist. Ein Heckantriebler wie K.I.T.T. käme besser weg, aber auch bei ihm bestünde die Gefahr, zurückzurutschen, wenn der Motor abgewürgt wird.

Wie sich ein Auto mit Automatikgetriebe verhalten würde, ist schwer vorherzusagen. Normalerweise würgt man solche Autos nicht ab, aber wer weiß, was passiert, wenn die angetriebenen Räder bei hoher Geschwindigkeit nahezu auf der Stelle angehalten werden.

Mit einem Schaltgetriebe sollte man den Lastwagen mit genügend relativer Geschwindigkeit erreichen, damit man die Rampe hinaufrollt, nachdem man vor dem Darauffahren ausgekuppelt hat. Das Auto sollte dann die Rampe im Leerlauf mit einem kurzen Reifenquietschen überwinden.

Ein Fahrer, der die Anfangsgeschwindigkeit des dramatischen Effekts wegen erhöhen will, sollte ein schweres Auto und einen leichten Lastwagen benutzen. Wenn das Auto abgebremst wird, beschleunigt der übertragene Impuls den Lastwagen. Die effektive Bremsstrecke, die dem Auto zur Verfügung steht, verlängert sich damit über die Innenmaße des Lastwagens hinaus und lässt dem Auto mehr Zeit zum Abstoppen.

Dies mit einem Allradantrieb zu versuchen, könnte unklug sein. Viele haben Differentialsperren, um zu große Geschwindigkeitsunterschiede zwischen Front- und Heckrädern zu verhindern. Falls das Getriebe überlebt, würde die Sperre die Hinterräder abstoppen, sobald die Vorderräder auf der Rampe sind oder, was wahrscheinlicher ist, die Fronträder weiter mit der Straßengeschwindigkeit drehen. Keins von beidem wäre förderlich für die nötige Feinabstimmung.

Mark A. Jones
Gloucester, Massachusetts, USA

Ich habe Interviews mit dem Produktionsteam von *Charlie staubt Millionen ab* gesehen. Die Stuntleute haben die Minis wirklich in einen fahrenden Bus gesteuert. Die Fahrerkabine des Busses war verstärkt, um den Fahrer zu schützen, wenn die Minis hinten hereinkamen. Jeder Mini schob den vorherigen ein Stück weiter in den Bus hinein bis alle drin waren. Doch die Wucht der ineinanderfahrenden Autos gegen die Kabine klemmten den Fahrer am Steuerrad ein, so dass er herausgeschnitten werden musste.

Susanna Sherwin
Salisbury, Wiltshire, UK

Bei ihren Antworten zu den Stuntproblemen von *Charlie staubt Millionen ab* beschäftigen sich alle Korrespondenten mit der relativen Geschwindigkeit von Rädern und Rampe sowie den potentiell unerwünschten Auswirkungen abrupter Geschwindigkeitsveränderungen.

Doch das Problem ist überflüssig. Wenn man eine Rampe benutzt, die komplett mit kleinen Walzen bestückt ist, wie sie bei Förderbändern in der Industrie eingesetzt werden, gäbe es nahezu keinen Aufprall, weil die Walzen eine relativ geringe Trägheit besitzen und sehr schnell Tempo aufnehmen. Das Problem, das Auto abzubremsen, nachdem es sich auf der Rampe befindet, könnte mit Reibung in den Walzen gelöst werden, indem man sie weiter oben zunehmend schwergängiger sein lässt. Das Ergebnis wäre ein elegantes Abbremsen und keines jener Probleme mehr, mit denen sich die drei Minifahrer im Film herumschlugen.

David Sharman
Richardson, Texas, USA

Kokosnusskreuzfahrt

Wie lange würde eine Kokosnuss brauchen, um aus der Karibik bis zur Westküste Schottlands zu treiben?

Hörerfrage bei BBC Radio 5 Live, UK

Das ist eine interessante Frage, und die Jury berät noch. Der Samen der Kokosnusspalme (*Cocos nucifera*) ist die bekannteste schwimmende Frucht, und es gibt Berichte, dass keimfähige Kokosnüsse so weit nördlich wie Norwegen gefunden wurden. Doch diese fielen möglicherweise von Schiffen in der Nordsee ins Wasser und sind nicht die ganze Strecke von der Karibik geschwommen. Die Chancen sind groß, dass eine Kokosnuss, lange bevor sie Schottland erreicht, im Meer versinkt und nicht von dem »Fluss im Meer«, dem Golfstrom, herangetragen wird.

Größer ist jedoch die Chance, dass man Treibgut findet, das eines der Frachtschiffe verloren hat, die auf unseren Ozeanen verkehren. 1992 ging beispielsweise eine Armada von

29 000 Gummienten und anderem Badewannenspielzeug während eines Sturms über Bord eines Containerschiffes, das den Pazifik überquerte. Der pensionierte Meereskundler Curtis Ebbesmeyer verfolgt seither ihre Spuren. Inzwischen sind sie weiß gebleicht, aber dank des aufgestempelten Logos »The First Years« immer noch gut zu identifizieren. Pro Ente sind 100 US-Dollar Finderlohn ausgelobt, damit Strandgutsammler ihre Funde melden und so die Wissenschaftler bei der Entwicklung besserer Modelle der Ozeane unterstützen.

Man geht davon aus, dass diese Entenflotte den Weg in den Atlantik durch die Nordwestpassage gefunden hat. Außerdem haben die Enten bereits aufgezeigt, dass Treibgut bis zu doppelt so schnell wie die Meeresströmungen ist.

Um zur ursprünglichen Frage zurückzukommen: Nimmt man diese Beobachtung und die verschiedenen Geschwindigkeiten des Golf- und des Nordatlantikstroms, kommt man zu dem Ergebnis, dass die hypothetische Kokosnuss 15 Monate für die Reise von der Karibik nach Schottland benötigen würde.

Mike Follows
Willenhall, West Midlands, UK

Die Wege von Treibgut beschäftigen Wissenschaftler seit mehr als drei Jahrhunderten und Seeleute noch viel länger, und es gab seit jeher Experimente dazu. Die Reisegeschwindigkeit treibender Objekte wird von den Oberflächenströmungen bestimmt. Flaschen, die im Norden der Westindischen Inseln ins Wasser geworfen werden, benötigen im Durchschnitt 14 Monate, bis sie einen europäischen Strand erreichen. Die schnellste verzeichnete Passage waren 337 Tage von Hispanola nach Südwestirland, eine Reisegeschwindigkeit von 20 Kilometern pro Tag.

Die Zeit, die ein Objekt von der Karibik oder Südamerika bis nach Schottland brauchen würde, ist länger, wahrscheinlich mindestens 15 Monate. Rund 20 tropische Gewächse, darunter die Kokosnuss, haben Früchte oder Samen, die so lange in Salzwasser schwimmen können – einige Samen haben sogar ausgetrieben, nachdem sie den Atlantik überquert haben. Doch die Mehrzahl der Kokosnüsse, die an europäischen Stränden gefunden werden, sind wahrscheinlich vor Ort oder von Schiffen ins Wasser gefallen.

Colin McLeod
Dundee, UK

Rückstoß

Wenn sich bei einem Autounfall die Airbags aufblasen, wohin verschwinden dann die Abdeckungen, damit sie nicht die Nasen der Insassen brechen?

Damien Hadley
Chandler's Ford, Hampshire, UK

Airbackabdeckungen sind Kunststoffformteile, in die Linien eingearbeitet sind, die wesentlich dünner als das restliche Material sind. Wenn sich der Airbag aufbläst, brechen die Abdeckungen entlang dieser sehr dünnen Linien und geben ihn frei. Natürlich ist auch wichtig, dass die Abdeckung nicht zum Projektil werden kann, deshalb gibt es andere dünne Bereiche, die als Scharniere fungieren. Sie stellen sicher, dass die gebrochenen Teile der Abdeckung ohne Verletzungsgefahr weg von den Insassen – ähnlich wie eine Schwingtür – zur Seite klappen. Diese dünnen Scharnier- und Sollbruchlinien sind häufig sichtbar, manchmal als großes H (vor allem in älteren oder preiswerteren Autos).

Airbagkonstrukteure haben besonderes Augenmerk auf die Ausgestaltung und Befestigung von Markenzeichen auf der Abdeckung im Lenkrad. Hier ist wichtig, dass sich das Markenzeichen fest auf einer der »Türen« befindet, die beim Aufspringen der Abdeckung entstehen und sich nicht löst und zu Verletzungen führt.

Bei Seitenairbags, die im Sitz untergebracht sind, wird ein ähnlicher Effekt mit schwächeren Nahtbereichen im Bezug direkt über dem Airbag erzielt. Deshalb sollte man besser keine zusätzlichen Schonbezüge verwenden.

Airbagkonstrukteure müssen auch sicherstellen, dass sich die Hülle beim schlagartigen Aufblähen gerade auf die zu schützende Person zubewegt und nicht quer über Gesicht und Brust des Fahrers oder Passagiers. Das setzt eine genaue Analyse von Faltmustern und Computersimulationen sowie die Auswertung von Fotosequenzen nach Tests voraus. Nicht zuletzt war Origami hilfreich für die Konstrukteure.

Ian Gordon
Carlisle, Cumbria, UK

Die Airbagtechnologie gehört zu den großen Verbesserungen hinsichtlich der Sicherheit in Autos, doch ein falsch genutzter Airbag kann mehr Schaden anrichten als nur eine gebrochene Nase. Die Abdeckklappen bestehen aus dünnem Kunststoff, der bei Betriebstemperatur dehnbar ist und brechen und den Airbag freigeben soll, wenn der sich aufbläht. In einigen Fällen haben Bruchstücke Verletzungen bewirkt, vor allem im Gesicht, aber die sind normalerweise harmlos. Nahezu alle Verletzungen durch Airbags rühren daher, dass das Opfer sich zu dicht vor dem Airbag befand oder nicht richtig angeschnallt war. Mit zu den schlimmsten Verletzungen kam es bei Kindern in falsch platzierten Sitzen oder auf dem Schoß von Erwachsenen, was in manchen Ländern mittlerweile strafbar ist.

Man darf nie vergessen, dass das Aufblähen des Airbags so ist, als würde eine Bombe im Auto hochgehen. Befindet man sich zu nahe am Explosionsort, kann man durch den Aufschlag, losgesprengte Teile oder sogar brennende Rückstände verletzt werden. Ist man mindestens 25 Zentimeter weg von der Abdeckklappe, sitzt gerade und hat den Gurt stramm und korrekt über Hüften und Schalter angelegt, sind Airbags ausgezeichnet. Unter dieser Voraussetzung sollten Verletzungen durch den Airbag bei einem Unfall Ihre geringste Sorge sein.

Jon Richfield
Somerset West, Südafrika

Unter der Adresse http://upload.wikimedia.org/wikipedia/commons/2/20/Airbag_SEAT_Ibiza.jpg finden Sie das Foto eines wieder erschlafften Airbags, bei dem der Bruch in der Abdeckung deutlich zu sehen ist.

Simeon Verzijl
McKinnon, Victoria, Australien

Fallstudien

Warum ist es einfach, die Balance auf einem fahrenden Rad zu halten, und nahezu unmöglich bei einem stehenden?

Angela Rouse
London, UK

Lassen wir uns zuerst mit dem Mythos aufräumen, der an dieser Stelle immer angeführt wird und behauptet, gyroskopische Effekte hätten etwas damit zu tun. Ich habe ein Fahrrad mit einem gegenläufigen Rotor an der Vorderachse gebaut, der alle gyroskopischen Effekte ausgeschaltet hat, und es war nicht schwieriger zu fahren als ein normales Rad. Ein paar einfache Überlegungen bestätigen, dass dies der Fall ist.

Wir halten uns auf einem fahrenden Rad aufrecht, indem wir es durch Lenken aktiv kontrollieren. Deshalb müssen wir Radfahren auch lernen. Wenn wir als Lernende eine Neigung nach links bekommen, merken wir, dass wir nach links lenken müssen, um Kräfte zu schaffen, die uns wieder in eine aufrechte Position bringen, indem sie die Räder erneut unter unseren Schwerpunkt versetzen. Anfänger fahren mit ziemlichen Schaukelbewegungen, aber je mehr Übung wir haben, desto kleiner werden die Korrekturen, und wir können eine gerade Linie fahren.

Je schneller wir fahren, desto geringer müssen die Anpassungen mit dem Lenker sein – einfach deshalb, weil das Fahrrad in einer bestimmten Zeit eine wesentlich längere Strecke zurücklegt. Beim sehr langsamen Fahren werden die benötigten Anpassungen sehr groß. Und beim völligen Stillstand kann aktives Lenken nichts bewirken.

Ein guter Vergleich ist die Frage, wieso es leichter ist in einer geraden Linie zu hüpfen (oder mit dem Springstock zu springen), als auf einem Fußballen stillzustehen. Der Grund ist, dass wir jeden Hüpfer nutzen, um Anpassungskräfte zu schaffen und gleichzeitig unseren Fuß dichter an jene Stelle setzen, wo er sich befinden muss, damit wir das Gleichgewicht halten können.

Hugh Hunt
Forschungsgruppe Dynamik und Vibration,
Abteilung für Ingenieurwissenschaft
University of Cambridge, UK

Ein fahrendes Rad ist leichter im Gleichgewicht zu halten als ein stehendes, denn ein geübter Radler hat gelernt, den Lenker und damit das Vorderrad in die Richtung der Neigung zu drehen. Das steuert das Rad, so dass beide Räder wieder unter den Schwerpunkt des Fahrers gelangen. Mit anderen Worten: Lenken macht die Neigung rückgängig. Deshalb ist es ohne ein erhebliches Maß an Übung nicht möglich, ein Rad mit gegenläufig verzahnter Lenkung zu fahren, bei der sich das Rad in die vom Lenker entgegengesetzte Richtung bewegt.

Woher wissen wir, dass der zu diesem Problem so oft zitierte gyroskopische Effekt nichts damit zu tun hat? Weil Leute funktionierende »Fahrräder« gebaut haben, die auf Kufen statt auf Rädern laufen und mit Hilfe derselben Techniken aufrecht gehalten werden.

Hudson Pace
Teddington, Middlesex, UK

Das ist so, weil man beim Fahren eine Kontrolle hat – jenen Teil, den wir Lenken nennen –, die im Stillstand nicht besteht. Lehnt man sich ein wenig nach links, steuert man nach links, lehnt man sich nach rechts, steuert man nach rechts. Dabei bringt man die Räder wieder unter seinen Schwerpunkt.

Die Bauweise eines konventionellen Fahrrads unterstützt einen dabei. Um sich aufrecht zu halten, sind mehrere kleine Korrekturen nötig. Das funktioniert sogar, wenn man sich auf stationären Walzen unter den Rädern bewegt, solange sich das gesteuerte Rad auf einer Walze befindet, die rotiert und so Korrekturen liefern kann, indem sie das Fahrrad nach rechts oder links »steuert«.

Gyroskopische Effekte tragen anscheinend zur Stabilität bei, aber man kann auch problemlos mit winzigen Rädern oder rückwärts laufenden Gyroskopen fahren, um den Effekt der Räder auszuschalten – was bedeutet, dass der gyroskopische Effekt nicht die Antwort auf die grundlegende Frage nach der Stabilisierung ist. Ähnlich ist es mit der Verlagerung des Körpergewichts. Sie trägt häufig zur Balance bei, ist aber nicht entscheidend. Interessanterweise lernt man schneller, mit einem Liegerad zu fahren, wenn man das Körpergewicht nicht für Korrekturen einsetzt.

Jonathan Woolrich
Egham, Surrey, UK

Ich habe mich gefreut zu lesen, dass die Bedeutung des gyroskopischen Effekts für die Balance eines konventionellen Fahrrads in den vorherigen Antworten als gering dargestellt wurde, aber ich wundere mich, dass der wichtigste Konstruktionsfaktor, der das Fahrradfahren leicht macht, übersehen worden ist. Jeder Radler weiß, dass man ab einer bestimmten Geschwindigkeit freihändig fahren kann. Und den meisten dürfte auch bekannt sein, dass ein Fahrrad ohne Fahrer eine ganze Weile aufrecht rollt, wenn man es zu ein bisschen mehr als Schrittgeschwindigkeit anschiebt. Dies ist der Fall, weil konventionelle Fahrräder so gebaut werden, dass sie inhärent stabil sind.

Diese Stabilität ist in erster Linie dem Nachlauf zu verdanken. Der Nachlauf ist der Abstand, um den der Vorderradaufstandpunkt hinter der Schnittstelle Lenkachse/Straße liegt. Dies resultiert aus der eingebauten Neigung der Lenkachse und dem Rücksprung der Gabel. Der Effekt des Nachlaufs ist ähnlich der Arbeitsweise von schwenkbaren Laufrollen. Neigt sich das Fahrrad nach links, dreht die Auflagekraft auf der Straße das Vorderrad nach links. Das erlaubt beim Freihändigfahren ein gewisses Maß an Lenken, indem man sich leicht in die eine oder andere Richtung lehnt. Analysen der Dynamik haben gezeigt, dass der Nachlauf zusammen mit einem gyroskopischen Effekt jenseits einer kritischen Geschwindigkeit Stabilität erzeugt, wobei der Nachlauf der wesentliche Faktor ist.

H. R. Harrison
Loughton, Essex, UK

Die übliche Wahrnehmung ist, dass man, um nach links zu steuern, den Lenker nach links drückt. Machen Sie einmal folgendes Experiment: Legen Sie nur die Fingerspitzen an den Lenker und drücken Sie ihn um zwei Zentimeter nach links.

Dabei werden Sie feststellen, dass das Rad nach rechts und nicht nach links fährt. Dieser der Wahrnehmung entgegengesetzte Effekt resultiert daraus, dass die leichte Drehung des Lenkers nach links dazu führt, dass sich das Rad nach rechts neigt, was es dann nach rechts »wendet«.

Mark Pettigrew
Sheffield, South Yorkshire, UK

Für jene, die sich gern ein Fahrrad ansehen wollen, bei dem die gyroskopischen Effekte ausgeschaltet sind, hat Hugh Hunt von der Abteilung für Ingenieurwissenschaft an der University of Cambridge unter www2.eng.cam.ac.uk/~hemh/gyrobike.htm Aufnahmen ins Netz gestellt. 1987 hat der *New Scientist* über die Arbeit von Tony Doyle berichtet, der damals an der University of Sheffield, UK, war. Er hatte ein Fahrrad gebaut, bei dem nicht nur die gyroskopischen Effekte ausgeschaltet waren, sondern auch kein Nachlauf existierte (30. April 1987, S. 36). »Nachdem [die Fahrer] ihr anfängliches Bedürfnis zu kreischen überwunden hatten, konnten sie das destabilisierte Rad problemlos fahren«, hieß es in dem Artikel. »Doch während sich ein normales Rad mehr oder weniger sofort stabilisiert, konnten die Fahrer, nachdem man ihnen den Lenker überlassen hatte, die Korrekturbewegungen hier nur mit einer Verzögerung anbringen.« Doyle nennt auch die Abfolge von Ereignissen, die nötig sind, wenn ein Fahrrad eine Kurve fahren soll: Um bei einer gewissen Geschwindigkeit nach rechts einzuschwenken, drücken Radfahrer in der Tat den Lenker nach links und tun das auch während der gesamten Kurve. – Red.

Schlafende Satelliten

Während unseres Spanienurlaubs war es für uns ein beliebter Zeitvertreib, den nächtlichen Himmel zu beobachten. Es gab in der Nähe keine Großstadtlichter, keinen Mond und keine Wolken, die den Himmel aufhellten. Daher waren die Satelliten, die über den Nachthim-

mel zogen, ein recht häufiger Anblick. Doch gelegentlich leuchtete ein Satellit hell auf und wurde dann wieder schwächer. Was bewirkte das?

Jan Krokowski
Glasgow, UK

Das geschieht normalerweise etwa eine Stunde vor Sonnenaufgang und nach Sonnenuntergang, wenn die Sonne vom Boden aus nicht mehr sichtbar ist, wohl aber von der niedrigen Erdumlaufbahn vieler Satelliten.

Das Sonnenlicht wird von einem gewissen Teil der Satellitenoberfläche, etwa einem Solarpaneel, reflektiert und bewirkt den hellen Lichtblitz, der vom Boden aus zu sehen ist. Dieses Licht verschwindet rasch, wenn der Satellit weiterzieht und das Sonnenlicht nicht mehr zum Beobachter reflektiert wird. De facto agiert der Satellit als beweglicher Spiegel, der eine Spur reflektierten Sonnenlichts auf die Erde wirft.

Kin Yan Chew
Middleton, Connecticut, USA

In den 1960er Jahren arbeitete ich mit dem Satelliten-Kinetheodoliten – einem Instrument zum Aufspüren von in der Luft oder in einer Umlaufbahn befindlichen Objekten – des Royal Observatory in Edinburgh sowie am Smithonian Astrophysical Observatory mit den 20-Inch/F1-Baker-Nunn-Kameras mit Schmidt-Spiegelteleskop zur Satellitenbeobachtung.

Bei vielen Hunderten von Satelliten, die ich beobachtet und fotografiert habe, änderte sich die Helligkeit, während sie über den Himmel zogen. Das liegt an dem sich ändernden Winkel, den der Satellit zum stationären Beobachter einnimmt, und in manchen Fällen auch an der Dreh- oder Saltobewegung des Satelliten, so dass verschiedene Seiten das Sonnenlicht reflektieren. Besonders ausgeprägt ist die Erscheinung bei großen flachen Satelliten. Außerdem tauchen Satelliten abends in den Schatten der Erde ein (wenn sie von West nach Ost fliegen) und tauchen morgens aus ihm auf.

Heute bin ich Mitglied der örtlichen astronomischen Gesellschaft auf Guernsey. Von den vielen Tausend Satelliten, die sich jetzt auf einer Erdumlaufbahn befinden, sehe ich in klaren Nächten normalerweise rund 30, und viele verändern ihre Helligkeit. Besonders interessant sind die Iridium-Telekommunikationssatelliten, deren stark reflektierende Antennen extrem helle, gerichtete Lichtblitze (Iridium-Flares) bewirken, die mehrere Sekunden anhalten und von denen manche sogar tagsüber zu sehen sind.

Unter www.heavens-above.com finden Sie im Internet, wann diese und andere Satelliten zu sehen sind.

David Le Conte
Castel, Guernsey, Channel Islands

Mitte der 1960er Jahre arbeitete ich für ein Kommunikationsprojekt mit dem Titel »Space Junk«, bei dem es unter anderem um reflektierte Mikrowellensignale von der wachsenden Zahl an Satelliten und den Endstufen ihrer Trägerraketen in niedrigen Erdumlaufbahnen ging. Um die Schüsseln nachts genau auf die Satelliten zu richten, verfeinerten wir die berechneten Bahnen mit Hilfe eines optischen Zielgebers. Auf diese Weise wurden mir die visuellen Charakteristika der verschiedenen Schrottteile bestens vertraut.

Unsere Beobachtung war, dass manche Objekte eine ziemlich konstante Helligkeit hatten, während andere stark variierten und einige ein regelmäßiges Blinkmuster aufwiesen. Wir stellten fest, dass eine exakte Korrelation zwischen der Art des Objekts und der beobachteten visuellen Signatur bestand.

Die eigentlichen Satelliten, die im Allgemeinen eine eher gleichmäßige Form hatten, zeigten eine relativ konstante Helligkeit, während die Raketenhüllen, die normalerweise zylindrisch sind, ein Blinkmuster boten, weil sie nicht stabilisiert waren und zu guter Letzt häufig um ihre Längsachse rotierten. Die Dauer eines Saltos kann von wenigen Sekunden bis hin zu Minuten variieren.

Heutzutage befinden sich Tausende sichtbare Objekte in einer niedrigen Erdumlaufbahn, und jedes dürfte sein eigenes visuelles Muster aufweisen.

Richard Harris
Malvern, Worcestershire, UK

Auf der Liste der Dinge, die ich einmal im Leben tun möchte, steht ein Iridium-Telefonat, das ich just in dem Moment führe, wenn über mir ein Irdium-Satelliten-Flare erscheint. Es wäre irgendwie poetisch zu sehen, wie der Satellit eingesetzt wird, um meinen Anruf weiterzuleiten, während ich meiner Verlobten süße Nichtigkeiten zuflüstere. Sie selbst bevorzugt allerdings Blumen.

Barry Hahn
London, UK

Der vorherige Korrespondent schreibt, dass er einen künstlichen Satelliten gern sehen und gleichzeitig über ihn hören möchte. Das ist mit Sicherheit möglich, wenn man sich den Überflug der Internationalen Raumstation (ISS) ansieht und dabei auf ihrer UKW-Frequenz die Amateurfunkverbindung zur Erde hört (die Adressen der entsprechenden Websites stehen unten).

1991 habe ich für verschiedene britische Schulen eine Amateurfunkverbindung mit der britischen Astronautin Helen Sharman während ihrer Junomission auf der Raumstation Mir arrangiert. Eine Woche vor dem Kontakt im Mai stellte ich eine Testverbindung zu dem Kosmonauten Musa Maranow an

Bord der Mir her. Während ich mit ihm sprach, war die Mir bei ihrem zwölfminütigen Flug über den klaren Nachthimmel deutlich zu sehen.

Einige Jahre später wurde ich gebeten, bei der Denby Dale Amateur Radio Society einen Vortrag über den Amateurfunk und die Junomission zu halten. Genau an diesem Abend gab es einen sichtbaren Überflug, und so wurden die Mitglieder zur gegebenen Zeit nach draußen gebeten, um die Mir zu beobachten und gleichzeitig den Funkverkehr der Kosmonauten zu hören. Dieser Überflug war insofern ganz besonders, weil ein kleines Stück hinter der Mir ein Versorgungsraumschiff, das wenige Stunden später andocken sollte, deutlich zu erkennen war.

Informationen zum Amateurfunk und Hinweise, wie man bei der ISS zuhören kann, findet man unter www.rsgb.org.uk und unter www.uk.amsat.org.

Richard Horton
Direktor des Bereichs angewandte Physik und ICT-Systeme,
Harrowgate Ladies' College
North Yorkshire, UK

Windkraft

Ich weiß, dass es schlecht für den Kraftstoffverbrauch und die Umwelt ist, wenn ich im Sommer die Klimaanlage in meinem Auto einschalte. Aber sicher ist es genauso schlecht, mit offenen Fenstern zu fahren, weil mit höherer Geschwindigkeit die effektive Luftzufuhr zunimmt und wegen des zusätzlichen aerodynamischen Strömungswiderstands die Kraftstoffkosten steigen. Bei welcher Geschwindigkeit ist es daher umweltfreundlicher, die Fenster hochzukurbeln und die Klimaanlage einzuschalten?

Duncan Simpson
Milton, Cambridgeshire, UK

Dies ist eine der Fragen, auf die es wohl keine allgemeingültige Antwort gibt, denn es sind einfach zu viele Faktoren im Spiel. – Red.

Es gibt eine Reihe von Untersuchungen zur Effizienz von Autos mit offenen Fenstern beziehungsweise eingeschalteter Klimaanlage. 1986 hat Cecil Adams, Autor der Zeitungskolumne »The Straight Dope«, dazu eine Testreihe veranstaltet. Er fuhr mit einem viertürigen Pontiac 6000 LE jeweils 500 Kilometer mit einer durchschnittlichen Geschwindigkeit von 96 Kilometern pro Stunde.

Seine Ergebnisse lauteten, dass er mit einem Liter Kraftstoff 12,4 Kilometer weit kam, wenn die Klimaanlage ausgeschaltet und die Fenster geschlossen waren. 12,2 km/l waren es bei geschlossenen Fenstern und eingeschalteter Klimaanlage und 12,0 km/l mit vier geöffneten Fenstern und ohne Klimaanlage. Dies zeigt, dass geschlossene Fenster und eingeschaltete Klimaanlage günstiger für den Kraftstoffverbrauch sind. Die Versuchsreihe wurde im Mai in Ohio durchgeführt.

Eine Untersuchung des Florida Solar Energy Center kam zu einem anderen Schluss. Dort wurde der Test mit einem Volkswagen GTI durchgeführt, und es kam heraus, dass bei 108 km/h der Kraftstoffverbrauch mit offenen Fenstern um 3 Prozent anstieg, mit eingeschalteter Klimaanlage hingegen um 12 Prozent. Diese Untersuchung fand im Juli in Florida statt.

Ich überlasse es anderen herauszufinden, ob Monat, Ort und Klima Einfluss auf die Ergebnisse haben.

David Liptrot
Reading, Berkshire, UK

Das ist von Auto zu Auto anders und hängt davon ab, wie aerodynamisch und wie schwer der Wagen ist.

Ein weiterer zu berücksichtigender Faktor ist die Differenz zwischen Außentemperatur und der an der Klimaanlage gewählten Temperatur. Kurz gesagt, es ist nicht möglich, eine Geschwindigkeit zu nennen, die für alle Autos zutrifft.

Peter Sharpe
Murwillumbah, New South Wales, Australien

Die amerikanische Fernsehshow *MythBusters – Die Wissensjäger* testete dies mit Autos des gleichen Typs und identischen Kraftstoffmengen. Hier stellte man fest, dass es bei Geschwindigkeiten bis zu 80 km/h effizienter ist, die Fenster offen zu lassen, und bei höheren Geschwindigkeiten besser ist, die Klimaanlage zu benutzen.

Hoff Wendell
Per E-Mail, ohne Ortsangabe

Eine Studie für die US Society of Automobile Engineers zeigt vor allem, wie schwer es ist, diese Frage zu beantworten (www.sae.org/events/aars/presentations/2004-hill.pdf). Untersucht wurden die Auswirkungen der Klimaanlage auf den Kraftstoffverbrauch bei einem großen Familienauto und einem SUV. Die Tests wurden im Wüstenversuchsgelände von General Motors in Mesa, Arizona, durchgeführt und zeigten, dass es bei Geschwindigkeiten über 56 km/h ratsamer ist, die Fenster herunterzukurbeln als die Klimaanlage anzuschalten.

Diese Ergebnisse müssen jedoch mit Vorsicht interpretiert werden, denn sie ändern sich mit verschiedenen Faktoren, darunter Windgeschwindigkeit und -richtung sowie Außentemperatur. Nicht verwunderlich ist, dass der Kraftstoffverbrauch bei hohen Geschwindigkeiten in eher stromlinienförmigen Autos sehr viel geringer ist.

Lionel Cooper
Nambucca Heads, New South Wales, Australien

Kettenschwanz

Mein Vater hatte immer hinten an unserem Auto eine Kette befestigt, die auf der Straße schleifte. Er sagte, dann würde es meiner Schwester beim Fahren nicht schlecht. Ich habe immer gedacht, das sei eine Art Placeboeffekt, doch dann habe ich später festgestellt, dass die Familie meines Mannes dasselbe für ihren reisekranken Hund machte. Hilft das wirklich, und wenn ja, wieso?

Ginette Andress
Allambie Heights, New South Wales, Australien

Der Einsatz von Ketten, um Reisekrankheit im Auto zu verhindern, ist ein Beispiel für Pseudowissenschaft, die auf einem grundlegenden Missverständnis hinsichtlich der wahren Ursachen der Beschwerden basiert.

Übelkeit im Auto wird ebenso wie andere Formen von Reisekrankheit durch eine Diskrepanz zwischen den von den Augen wahrgenommenen und den vom Vestibularsystem im Innenohr verspürten Bewegungen ausgelöst. Bei der Reisekrankheit im Auto kann die Übelkeit durch Gefühle von Klaustrophobie, unangenehme Gerüche, Völlegefühle und Mangel an frischer Luft – allesamt für sich bereits klassische Ursachen für Übelkeit, s. S. 224 – verstärkt werden.

Früher war jedoch der Glaube weit verbreitet, Grund für die Übelkeit im Auto sei die elektrostatische Aufladung, die durch die Reibung zwischen Reifen und Straße entsteht. Ein Auto ist im Wesentlichen eine Metallkiste, die durch ihre Gummireifen vom Boden isoliert ist. Deshalb ist man darin auch normalerweise bei geschlossenen Türen sicher vor einem Blitzeinschlag. Um es technisch auszudrücken: Die Karosserie fungiert als Faraday'scher Käfig. Dies führte dazu, dass manche Leute meinten, die Bewegungskrankheit könnte gelindert werden, wenn man mittels einer leitenden Kette zwischen Chassis und Straße für eine permanente elektrostatische Entladung sorgen würde.

Ketten zur statischen Entladung werden seit langem bei Tankwagen eingesetzt, die Kraftstoff transportieren. Da eine bestehende Ladung des Lasters einen Funken auslösen kann, wenn der Befüllungsschlauch in die Nähe des Kraftstofftanks der Tankstelle gezogen wird, wurde aus Sicherheitsgründen angeordnet, immer erst die Kette herunterzulassen, um die Ladung abzubauen, ehe der Kraftstoff in die Tanks gepumpt wird. Das theoretische Risiko, dass eine elektrostatische Entladung bei Kraftstoffpumpen zu einer Explosion führen kann, ist auch der Grund, warum es an Tankstellen verboten ist, das Mobiltelefon zu benutzen.

Die Ketten an Tanklastwagen sind jedoch eine wesentlich substantiellere Angelegenheit als die zierlichen Aluminium- und Gummiversionen, die von den 1960er bis in die 1980er Jahre an vielen Pkws zu finden waren. Selbst wenn die Theorie irgendetwas wert gewesen wäre (außer in Form von Profit für die Hersteller, die sie den leichtgläubigen Autofahrern verkauften), wäre jeder positive Effekt dahin, sobald der Wagen eine gewisse Geschwindigkeit hat und der Luftschraubenstrahl die Kette vom Boden abheben lässt, so dass sie einsam und verlassen in der Luft herumwedelt.

Hadrian Jeffs
Norwich, UK

8 Wetterkapriolen

Die Kraft der Sechs

Wie schaffen es Wassermoleküle in einer Schneeflocke, andere Moleküle, die sich Tausende von Molekülen entfernt befinden, so zu beeinflussen, dass sie dieselbe makroskopische Form annehmen und ein sechseckiges Muster bilden? Mit anderen Worten: Wodurch erhalten Schneeflocken ihre unverwechselbare, symmetrische sechseckige Form?

Don Jewett
Sausalito, Kalifornien, USA

Sie können sich nicht beeinflussen. Ein Spuk ist hier nicht am Werk. Der Grund für die hexagonalen Kristalle des Eises ist die sechsfache Symmetrie des Kristallgitters, das sich unter dem Druck von 1 Atmosphäre bildet, wenn die Temperatur am oder unter dem Gefrierpunkt liegt (eine ganze Reihe anderer Eise entstehen unter extremem Druck und bilden dabei andere Gittermuster).

Der Kristall an sich kümmert sich nicht um das weit entfernte Wassermolekül. Für ihn ist nur jenes von Belang, das eine Lücke in seinem Gitter füllen kann, denn das ist die Weise, wie Kristalle wachsen. Wenn sich das Molekül zu schnell bewegt, passt es sich nicht in die Lücke ein. Das ist fast wie bei einer Roulettekugel, die immer wieder abprallt, bis sie so viel Energie verloren hat, dass sie einer der nummerierten Vertiefungen nicht mehr entkommen kann. Ähnlich drängeln und rempeln sich auch Wassermoleküle, bis eines genug Energie abgegeben hat, um sich in der Lücke im Gitter festzusetzen.

In einer Umgebung, in der die Wärme langsam entzogen wird, füllen die Moleküle die Lücken im Gitter in geordneter Weise, und die Schneekristalle, die wir kennen und lieben, wachsen mit ihrer sechsfachen Symmetrie.

Unterschiede bei Temperatur und Druck im Mikroumfeld jeder Schneeflocke schaffen so viele Variationen, dass die Kristalle nicht absolut identisch sind, aber doch sehr ähnlich sein können.

Ein sehr rasches Gefrieren bewirkt eine dichte Masse verbundener Kristalle, die ein Eis ohne erkennbare kristalline Struktur bilden. Das ist etwa bei Eiswürfeln der Fall, die durchsichtig erscheinen. Doch in einem langsam gefrierenden, »erzwungenen« System, wie an einer Glasscheibe oder einer Teichoberfläche, schafft das allmähliche Abkühlen das typische hexagonale Kristallmuster am fortschreitenden Saum der Kristallisation.

Bill Jackson
Toronto, Ontario, Kanada

Schneeflocken nehmen ihren Anfang an einem Staubpartikel oder einer ähnlichen Kernbildungsstelle, um die herum Wasser gefriert und einen Eiskristall-»Samen« mit sechsseitiger Symmetrie produziert. An den Ecken des hexagonalen Gebildes gefriert der Wasserdampf schneller, und so beginnen dort Arme zu wachsen. Sie können dabei mit unterschiedlicher Geschwindigkeit zunehmen, wenn der Kristall unterschiedlichen Bedingungen in der Atmosphäre ausgesetzt ist. Während sich die Schneeflocke durch die Wolke bewegt, in der sie sich bildet, durchmisst sie Bereiche mit unterschiedlicher Temperatur und Luftfeuchtigkeit, und die sind für das Wachstum jeweils anderer bevorzugter Kristallgestalten verantwortlich.

Die Akkumulation dieser verschiedenen Wachstumsphasen bestimmt die komplexe Endform der Schneeflocke. Da die

Schneeflocke klein ist, unterliegt jede Seite in etwa denselben lokalen Bedingungen und wächst daher in derselben Art, was zu der nahezu symmetrischen Flocke führt, denn natürlich kann kein Objekt dieser Größe absolut symmetrisch sein. Da der Werdegang jeder Flocke ein wenig anders ist, ist ihre endgültige Form einzigartig.

Simon Iveson
Universitas Pembangunan Negeri
Yogyakarta, Indonesien

Die schlichte Antwort lautet: Die erhalten sie nicht. Fotografen müssen lange und sehr genau suchen, bis sie Schneeflocken finden, die beinahe symmetrisch sind. Die große Mehrzahl ist es nicht. Unter www.its.caltech.edu/~atomic/snowcrystals/myths/myths.htm#perfection finden Sie die Erfahrungen eines der besten Schneeflocken-Jägers der Welt.

Colin Dooley
Spanien

Nebelwarnung

Wenn es morgens kalt ist, beschlagen die Fenster meines Zuges auf der Innenseite. Sobald die Außentemperatur etwa 6 bis 7° C erreicht, werden die Scheiben normalerweise wieder klar. Doch wenn es regnet, beschlagen die Fenster auch bei dieser und sogar höheren Temperaturen. Wieso bewirkt Regen außen am Zug, dass die Scheiben auf der Innenseite selbst bei höherer Temperatur beschlagen?

Klaus Forroby
North Harrow, Middlesex, UK

Die Zugfenster kühlen sich durch den Kontakt mit der kalten Außenluft ab. Die Wärmeableitung durch das Glas (ich gehe davon aus, dass es sich um eine einfache Verglasung handelt) führt dazu, dass die Temperatur der Innenseite der Außentemperatur ziemlich nahe kommt.

Die Innenseite der Scheibe beschlägt, wenn ihre Temperatur unter dem »Taupunkt« der Luft im Innenraum liegt – das ist die Temperatur, auf die die Luft heruntergekühlt sein muss, um gesättigt zu sein, so dass die Feuchtigkeit anfängt zu kondensieren. In dem beschriebenen Fall dürfte der Taupunkt der Luft im Zug ein wenig über 7° C liegen.

An einem regnerischen Tag ist die Kleidung der Fahrgäste nass, und von den Regenschirmen fallen Tropfen auf den Boden, die Polster werden feucht. Die Wärme im Zug sorgt dafür, dass das Regenwasser verdunstet und die Luftfeuchtigkeit erheblich zunimmt. Damit liegt der Taupunkt im Waggon nun höher. Die Folge ist, dass sich bei Regen mehr Feuchtigkeit als an trockenen Tagen an den Scheiben niederschlägt. Dies verstärkt sich noch, wenn die Fenster geschlossen bleiben und die feuchte Luft im Wagen gefangen ist.

Martin Young
Honiton, Devon, UK

Ein Faktor sollte nicht übersehen werden: Wenn der Regen, der die Außenseite der Scheibe benetzt, verdunstet, kühlt er das Glas ab. Fährt der Zug, verstärkt der Wind die Evaporation und verstärkt die Abkühlung. Daher ist die Fensterscheibe dann deutlich kälter als an einem trockenen Tag mit derselben Temperatur. Jetzt frage ich mich nur, ob ich diesen Effekt ausnutzen kann, um eine Flasche Bier zu kühlen.

Spencer Weart
Leiter des Zentrums für Physikgeschichte,
American Institute of Physics
College Park, Maryland, USA

Kranker Wind

Wieso fühlt man sich, wenn einem übel ist, wesentlich besser, sobald man ins Kalte kommt? Im Gegensatz dazu sorgt eine wärmere Umgebung mit höherer Luftfeuchtigkeit dafür, dass es einem sehr viel schlechter geht.

Brian Woodhill
Manningham, West Yorkshire, UK

Anscheinend gibt es keine eindeutige Erklärung für dieses Phänomen, aber eine Menge plausibler Ideen. – Red.

Jeder, der wirklich unter Reisekrankheit leidet, kann Ihnen versichern, dass die Auswirkungen von Kälte marginal sind. Auch in den Fängen höchst erfrischender Orkane sind solche Menschen sehr, sehr krank.

Der Hauptgrund für Reisekrankheit ist ein Widerspruch zwischen visuellen Signalen und jenen von den Bogengängen im Ohr, die mit dem Gleichgewicht zu tun haben. Unter Deck auf einem Schiff verstärken verschiedene Stressfaktoren die Situation, dazu gehört insbesondere, in einer klaustrophobisch engen und stickigen Kabine zu liegen und nicht in der Lage zu sein, den Blick auf einen festen Bezugspunkt zu lenken. Der Kopf wird von den Launen einer schlingernden Koje herumgeschleudert, es stinkt nach Diesel und Erbrochenem, die Maschinen rattern, und Nichtleidensgenossen reden unablässig über Mittel gegen die Übelkeit, die nicht helfen, sondern weitere Übelkeit erzeugen.

Aufrecht an Deck, bei frischer Luft und unverstelltem Blick auf den Horizont und relativer Ruhe, verschwinden die schlimmsten sensorischen und emotionalen Faktoren. Vor allem sollten Sie den Horizont als fixen Orientierungspunkt nehmen und sich nicht gegen einen Pfosten lehnen. Dann brauchen Sie sich nicht mehr um die Kapriolen des rollenden

Schiffs zu scheren, können sich der Bewegung anpassen und Seefestigkeit entwickeln.

Wenn sich diese Art, den Elementen zu trotzen und die Kontrolle zu behalten, als hilfreich erweist, ist es kein Wunder, dass man Kälte und frischen Wind mit der Befreiung von klaustrophobischen, Übelkeit erregenden Stimuli assoziiert. Durch schlingernde Bullaugen zu starren oder über der chaotisch tanzenden Heckreling zu hängen und auf chaotisch tanzende Wassermassen zu schauen, hilft ganz und gar nicht, frischer Wind hin oder her.

Jon Richfield
Somerset West, Südafrika

Ein Grund, warum es Leuten, denen es übel ist, noch schlechter geht, wenn sie aus der Kälte in eine wärmere Umgebung kommen, mag sein, dass bei Hitze das Enzym Hämoxygenase stärker zum Tragen kommt. Hierbei handelt es sich um ein Hitzeschockprotein, das überall im menschlichen Körper gebildet wird. Es spaltet Hämoglobin, Myoglobin und Cytochrome zu Eisen, Biliverdin und Kohlenmonoxid auf. Dieser Prozess wird angesichts von Stressfaktoren aller Art verstärkt.

In einer warmen Umgebung kann die Konzentration von Kohlenmonoxid in der ausgeatmeten Luft zwanzigmal so hoch sein wie bei Kälte. Derart große Mengen an endogenem Kohlenmonoxid können nicht bloß Übelkeit hervorrufen, sondern auch andere Symptome von Hitzebeschwerden, etwa Erbrechen, Kopfschmerzen, Erschöpfung und Schwäche.

Albert Domay
Lutherville, Maryland, USA

Beim Zusammenbau einer Leiter habe ich es einmal geschafft, einen unerwünschten Kontakt zwischen dem Hammer, den ich in der einen Hand hielt, und dem Daumen der anderen Hand herzustellen. Ein Freund, der Erfahrung mit solchen Dingen hat, erklärte mir, da gäbe es ein einfaches Gegenmittel und trat mir auf den Zeh. Er hatte absolut recht, der Daumen bereitete mir keine Schmerzen mehr. Sein Auf-den-Zeh-Treten-Gegenmittel ist offenbar verwandt mit der Den-Körper-Gefrieren-Kur.

Mark Wallace
Beetsterzwaag, Niederlande

Ich überlege, ob die Frage nicht falsch gestellt ist. Vielleicht sollte sie richtigerweise lauten: »Warum geht es einem besser, wenn man in ein Klima kommt, das man mag?«

Im Juli 1965 hatte ich in Mexiko einen besonders heftigen und langanhaltenden Anfall von Montezumas Rache – auf dem hochgelegenen, kühlen, trockenen Gelände eines Observatoriums. Es schien, als würde die Übelkeit nie mehr enden. Doch dann stieg ich aus einem Flugzeug in die sehr warme, sehr feuchte Luft von Acapulco und war auf der Stelle geheilt (und sehr hungrig).

Ich bin sicher, dass Sie auf diese Frage viele unterschiedliche Antworten bekommen, die ein Theorem veranschaulichen, das ursprünglich von Thomas Gold aufgestellt wurde und besagt, dass ein Theoretiker jede Wechselbeziehung wie auch ihr Gegenteil erklären kann.

Virginia Trimble
Irvine, Kalifornien, USA

Wasserbombe

Wie groß ist der größtmögliche Regentropfen?

Michael Leonard
Stoke on Trent, Staffordshire, UK

Die Moleküle in einem Wassertropfen werden von den benachbarten Molekülen gleichmäßig in alle Richtungen gezogen. Die

Anziehung zwischen Molekülen bedeutet, dass die Flüssigkeit sich selbst zusammenpresst, bis sie die kleinstmögliche Oberfläche erreicht hat: eine Kugel. Die äußeren Moleküle werden von Anziehungskräften im Tropfen und den Molekülen neben sich festgehalten, wodurch die Oberflächenspannung entsteht, die es Insekten ermöglicht, auf dem Wasser zu laufen.

Je größer ein Tropfen wird, umso weniger kann die schwache Oberflächenspannung die Kugelform erhalten, und der Tropfen verzerrt sich. Deshalb bleiben Regentropfen, deren Durchmesser kleiner als etwa 2 Millimeter ist, rund, während größere immer stärker an ein Hamburger-Brötchen mit flachem Boden und gewölbter Oberseite erinnern. Der Luftwiderstand schüttelt die fallenden Tropfen durch, und Wasser hat nicht genügend Viskosität, um diese Störungen zu dämpfen. Daher brechen fallende Regentropfen normalerweise bei einem Durchmesser von rund 5 Millimetern auseinander.

Diese Fakten sind bereits seit 1904 bekannt und den findigen Experimenten des in Ungarn geborenen Physiknobelpreisträgers Philipp Lenard und des Amerikaners Wilson Bentley zu verdanken. Bentley ist vor allem für seine frühen Fotos von Schneeflocken bekannt. Lenard benutzte einen vertikalen Windkanal, um fallende Regentropfen zu beobachten, und Bentley maß ihre Größe anhand der winzigen Teigkügelchen, die entstanden, wenn sie in einer Schale mit Weizenmehl auftrafen.

Experimente im Spaceshuttle haben gezeigt, dass bei Mikrogravitation und ohne zerstörerischen Wind Wassertropfen einen Durchmesser von über 3 Zentimetern haben können. Allerdings zeigen die Filmaufnahmen, dass die Kugeln wie Gelee zittern, weil die Oberflächenspannung zu schwach ist, um die Kugelform zu erhalten, und nicht ausreicht, um Störungen abzufangen.

Mike Follows
Willenhal, West Midlands, UK

Der durchschnittliche Regentropfen hat, wenn er den Boden erreicht, einen Durchmesser von 1 bis 2 Millimetern. Doch in den letzten Jahren wurden zweimal Tropfen mit einer Größe von 8,8 bis 10 Millimetern beobachtet. Das erste Mal geschah dies von einem Forschungsflugzeug aus, das über Brasilien durch Haufenwolken vom Typ *Cumulus congestus* flog, die sich über Atmosphärebereichen bilden, wo eine Konvektion stattfindet, also oft durch starke Aufwinde entstehen. Man geht davon aus, dass die Tropfen durch Wasser gebildet wurden, das an Rauchpartikeln kondensierte, die aus Waldbränden direkt darunter stammten. Große Tropfen wurden auch oben in der sauberen Meeresluft über den Marschallinseln in Mikronesien entdeckt. Sie hatten sich in Wolkenbereichen gebildet, wo Tropfen zusammenstoßen und akkumulieren konnten. Es ist unwahrscheinlich, dass irgendeiner dieser großen Regentropfen den Boden erreicht hat, denn sie brechen wegen des Luftwiderstands beim Fallen rasch auseinander.

Martin Dodds
Per E-Mail, ohne Ortsangabe

In dem 1957 gedrehten Film *Die unglaubliche Geschichte des Mr. C.* wird die von Grant Williams gespielte Hauptfigur von einer mysteriösen Wolke verstrahlt und schrumpft daraufhin allmählich immer mehr. Gegen Ende des Films hat er die Größe eines Insekts erreicht und ist in seinem eigenen Keller gefangen, wo ein tropfender Wasserhahn ihn mit, wie es ihm erscheint, riesigen Wasserkugeln zu ertränken droht.

Nachdem die Ausstattungsabteilung des Studios den gigantischen Wasserhahn gebaut und ihn zum Tropfen gebracht hatte, sorgten die Gesetze der Physik allerdings dickköpfig dafür, dass alle Wassertropfen eine normale Größe hatten. Jahre später lernte ich den Regisseur Jack Arnold kennen, und er erzählte mir, dass er damals selbst auf die Idee gekommen sei, wie die überdimensionalen Tropfen für diese Szene hergestellt werden könnten. Er kaufte 100 Schachteln durchsichtiger Latexkondome und gab den Bühnenhelfern den Auftrag, sie mit Wasser zu füllen.

Als die Kameras dann liefen, agierte Williams bei dem ungeheuren Wasserhahn, während ein unsichtbarer Bühnenarbeiter die Kondome eins nach dem anderen hinausschob. Das Ergebnis war ziemlich beeindruckend: Jedes Kondom nahm in der Luft die Form einer Träne an, ehe es auf den Boden prallte, wo es zerplatzte und Dutzende echter kleiner Tropfen freigab. Jeder der einzelnen »Wassertropfen«, die aus dem Riesenhahn kamen, war nur wenig kleiner als der Kopf des schrumpfenden Mannes.

Arnold erzählte mir auch, dass er, als der Produzent eine Begründung für den Kauf von 100 Schachteln Kondome verlangte, geantwortet habe: »Nachdem der Film abgedreht war, feierten wir eine furchtbar komische Abschlussparty …«

F. Gwynplaine MacIntyre
New York, USA

9 Das Beste zum Schluss

Fliegendes Gewicht

Ein Lastwagenfahrer kommt an eine Brücke, für die eine Tragfähigkeit von 5000 Kilogramm ausgewiesen ist. Sein Lastwagen wiegt zusammen mit ihm 4950 Kilogramm, also könnte er hinüberfahren, wären da nicht seine 100 Kilogramm Ladung – ein Taubenschwarm, der sich frei im Laderaum bewegt. Er hat eine großartige Idee, schlägt heftig gegen die Seite des Lastwagens, so dass alle Tauben vor Schreck auffliegen, und fährt schnell über die Brücke. Funktioniert das?

David Thomas
Pointe-Claire, Quebec, Kanada

Leider sind die Tauben, der Lastwagen und der Fahrer wohl dem Verderben geweiht, weil die Brücke zusammenbricht. Anstelle der Vögel kann man sich auch einen großen Behälter vorstellen, in dem ein Hubschrauber fliegt (um die schwierigen Flugdynamiken dabei zu umgehen). Über den von den Rotorblättern erzeugten Abwind, der von seinem Boden abprallt, würde der Lastwagen nach wie vor das Gewicht des Hubschraubers tragen. Dasselbe gilt für den Abwind von den Taubenflügeln.

Leigh Hunt
Redhill, Surrey, UK

Die Antwort hängt vom Aussehen des Frachtbehälters ab. Handelt es sich um einen rundum geschlossenen Kasten, schlägt der Plan fehl. Wenn die Vögel auf der Stange sitzen, wird das

Gewicht direkt auf den Rahmen des Lastwagens übertragen. Wenn sie fliegen, bewirken ihre Flügel eine Luftzirkulation, die einen zusätzlichen Druck auf den Boden des Transportbehälters ausübt, und dieser Druck überträgt dieselbe Kraft wie das direkte Gewicht der Vögel. Bei stabilem Zustand kann der gesamte Inhalt des geschlossenen Frachtbehälters also wie ein Kasten mit feststehendem Gewicht betrachtet werden. Die genaue Verteilung und die jeweiligen Aktivitäten der individuellen Massen in seinem Inneren sind irrelevant.

Wenn sich die Vögel in einem geschlossenen Frachtbehälter befinden, besteht der einzige Ausweg in einer nicht stabilen Lösung. Wenn der Fahrer die Vögel so dressieren könnte, dass sie alle auf der Brücke die Flügelbewegung einstellten, würden sich die Tiere aufgrund der Gravitation im freien Fall befinden und keine Kraft auf den Lastwagen ausüben, bis sie auf dem Boden landen.

Allerdings wäre das Timing schwierig. In einem zwei Meter hohen Frachtbehälter würde die Schwerkraft nur einen 0,64 Sekunden dauernden freien Fall zulassen. Man könnte die zur Verfügung stehende Zeit verdoppeln, wenn man die Vögel darauf dressiert, sich mit so viel Impuls vom Boden abzustoßen, dass sie bis zur Decke und wieder herunterkommen, ohne einen Flügelschlag dabei zu machen. Das wäre so, als würde ein Jongleur die Vögel in die Luft werfen, die Brücke überqueren und sie dann auf der anderen Seite wieder auffangen. Die praktische Durchführung wäre allerdings schwierig.

Eine einfachere Lösung wäre möglich, wenn der Frachtbehälter in Decke und Boden große Öffnungen hätte oder – noch besser – der obere und untere Abschluss komplett aus Maschendraht bestünden. Dann könnte die Luft ungehindert von oben durch den Behälter und unten herausströmen, so dass das Gewicht der Tauben nicht auf den Lastwagen transferiert, sondern von dem Luftstrom getragen würde. Dieser Luftstrom würde zwar eine kleine, nach unten gerichtete Schwerkraft auf die Seitenwände des Kastens ausüben, aber die wäre erheblich kleiner als das statische Gewicht der Vögel und würde so dem Lastwagen problemlos die Fahrt über die Brücke ermöglichen.

Allerdings würde diese Lösung auch Löcher in der Brücke verlangen, damit die Luft nach unten entweichen kann und nicht dieselbe nach unten gerichtete Kraft nun auf die Straße drückt. Ideal wären zwei Holzplanken, auf die nur die Räder des Lastwagens passen, und sonst nichts.

Simon Iveson
Mayfield East, New South Wales, Australien

Die Antwort des praxiserprobten Ingenieurs lautet: Ja, natürlich kann der Fahrer die Brücke überqueren. Das Übergewicht von 50 Kilogramm bedeutet, dass die ausgewiesene Tragfähigkeit der Brücke um 1 Prozent überschritten wird. Schon wenn der Lastwagen über ein Hindernis wie einen kleinen Stein rumpelt, entsteht eine zusätzliche Impulskraft, die viel mehr ausmacht als diese 1 Prozent, und jeder Bauingenieur, der ein Bauwerk gleich welcher Art mit einer Sicherheitsmarge entwirft, die in die Nähe von nur 1 Prozent kommt, verdient alle Haftungsklagen, die er oder sie bekommt.

Franc Buxton
Coventry, West Midlands, UK

Lichtkiste

Wenn man in einem hohlen Würfel, dessen Innenwände mit perfekt reflektierenden Spiegeln ausgekleidet sind, eine Taschenlampe anknipst, sie herumschwenkt und wieder ausschaltet, würde das Licht dann immer noch in dem Würfel reflektiert oder würde es dunkel werden? Wenn es dunkel wird – wohin ist das Licht verschwunden?

Falls das Licht weiterhin von den Seiten abprallt, wie lange wäre das so? Diese Frage beschäftigt mich seit Kindertagen.

Paul Harwood
Ohne Ortsangabe

Wenn der Würfel aus perfekten Spiegeln bestünde, würde das Licht für alle Zeiten von Seite zu Seite reflektiert. Dummerweise sind Spiegel aber nicht perfekt – ein Teil des Lichts, das auf sie fällt, wird absorbiert. Ein Haushaltsspiegel reflektiert nur etwa 80 Prozent des Lichts, das auf ihn fällt. Wenn man zwischen zwei großen Spiegeln steht, die so ausgerichtet sind, dass man die Serie der Spiegelungen sehen kann, merkt man, dass diese schon bald deutlich dunkler ausfallen. Selbst ein erstklassiger Teleskopspiegel reflektiert nur 95 bis 99 Prozent des Lichts.

Der andere Faktor, der berücksichtigt werden muss, ist die Lichtgeschwindigkeit. In einem 1-Meter-Würfel mit Spiegeln, die 95 Prozent reflektieren, würde das Licht in einer Millionstelsekunde 300-mal reflektiert und jedes Mal 5 Prozent seiner Helligkeit einbüßen, so dass es danach nicht einmal mehr ein Millionstel seiner ursprünglichen Helligkeit aufweist.

Wohin verschwindet das Licht also? Wenn Licht absorbiert wird, erwärmt es die Oberfläche, die es absorbiert, also würde der Würfel ein klein wenig wärmer.

John Romer
Great Bookham, Surrey, UK

Die Antwortet lautet ja, wenn die Spiegel perfekt sind und sich absolut nichts in dem Würfel befindet, auch keine Luft. Leider sind gewöhnliche Spiegel nicht perfekt. Nach einer großen Zahl von Reflexionen, die angesichts der Lichtgeschwindigkeit wenig Zeit benötigen, wäre das Licht nahezu vollständig vom Spiegel absorbiert. Auch die Luft im Würfel würde Licht absorbieren, allerdings in sehr viel geringerem Ausmaß.

Es existieren perfekte Spiegel, die auf dem Prinzip der inneren Totalreflexion beruhen. Beispielsweise kann Licht vom Wasser in die Luft nur im spitzen Winkel übergehen. Bei flacheren Winkeln wird das Licht von der Unterseite der Oberfläche komplett zurück ins Wasser reflektiert. Das kann man leicht in einem Aquarium oder sogar in einem Glas Wasser sehen. Wenn man in einem flachen Winkel unter die Wasseroberfläche schaut, sieht man ein Abbild, das sich der inneren Totalreflexion verdankt. Interessanterweise ist der Spiegel, der das bewirkt, weder das Wasser noch die Luft, sondern die Grenzfläche Luft/Wasser.

Damit es eine innere Totalreflexion geben kann, muss das Medium, in dem sich das Licht bewegt, einen höheren Brechungsindex haben als das angrenzende Medium. Doch trotz der perfekten Reflexion an der Grenzfläche der beiden Materialien wird das erste Medium etwas von dem Licht absorbieren, das es durchdringt. Unglücklicherweise gibt es also keine perfekten Spiegelboxen – aber man kann sich ihnen nähern.

Ein Faseroptikkabel nutzt innere Totalreflexion, um Licht mit sehr wenig Verlust über weite Strecken zu leiten. Solch ein Kabel entspricht einer Spiegelbox, bei der sich zwei Seiten extrem weit auseinander befinden. Auch beim Diamantschliff werden die Vorteile der inneren Totalreflexion genutzt: Die Kanten werden so gesetzt, dass das Licht viele Male hin und her fällt, ehe es nahezu unvermindert austritt. Dies macht Diamanten zu Brillanten.

Physiker haben eine »Spiegelbox« in Kugelform entwickelt. In einem Mikrokugelresonator mit hohem Gütefaktor wird Licht in einer winzigen Glaskugel gefangen und prallt dank der inneren Totalreflexion ständig im flachen Winkel von der Innenfläche ab. Dazu wird immer weiter Licht in die Kugel geleitet. Da kein Licht heraustreten kann und nur wenig von dem Glas absorbiert wird, baut das Licht in der Kugel sehr hohe Intensitäten auf.

Diese Mikrokugeln werden als höchst empfindliche Sensoren eingesetzt, die Unreinheiten, die auf ihre Oberfläche gelangen, an der Art aufspüren, wie sie die innere Totalreflexion beeinträchtigen.

Quinn Smithwick
Cambridge, Massachusetts, USA

Grelles Hemd

Kürzlich war ich in unserem lokalen Fernsehprogramm zu sehen. Als ich ins Studio kam, bat man mich, ein anderes Hemd anzuziehen, weil das Muster auf dem Bildschirm verzerrt erscheinen würde. Was bewirkt dies, und wieso ist es heutzutage nicht möglich, mit einer Fernsehkamera einfach das aufzuzeichnen, was sich davor befindet?

Alan Francis
Cardiff, UK

Da gibt es zwei Möglichkeiten. Erstens: Das analoge Fernsehen im Vereinigten Königreich benutzt die PAL-Farbcodierung, die die Farbinformation als sehr feine Luminanzzeichnung auf einem einfachen Schwarz-Weiß-Signal überträgt. Wenn man Farbfernsehsignale in einen hochauflösenden Schwarz-Weiß-Monitor einspeist, erscheinen kräftiges Blau und Gelb als dünne, nach links geneigte Striche und kräftiges Rot und Grün als nach rechts geneigte Striche. Mischfarben wie Orange oder Zyan ergeben Kreuzschraffuren. Außerdem kann ein Farbfernsehempfänger fein gemusterte Hemden fälschlich als codierte Farben decodieren, die dann flimmern und insgesamt gestört sind. Die Decodierer in neueren Fernsehgeräten sind zwar viel besser als die in den 1960er Jahren, als das System erfunden wurde, aber es ist nach wie vor ein Merkmal der Codierungsstandards, dass Farbe und Luminanz nicht unter allen Umständen vollständig separiert werden können.

Die zweite Möglichkeit betrifft die Bandbreite des Sendesignals. Digitales Fernsehen in Studioqualität arbeitet mit einer Datenmenge von 270 Megabit pro Sekunde, aber für die digitale Übertragung per Satellit wird das Signal auf 2 bis 5 Megabit pro Sekunde komprimiert. Um das zu erreichen, werden viele der 25 Bilder pro Sekunde, die aufgenommen wurden, nicht komplett übertragen; stattdessen werden die Unterschiede zwischen dem einen Bild und dem nächsten gesendet. Unruhige Muster können den Teil des Codierers, der die Veränderungen zwischen den Bildern verzeichnet, überfordern, so dass die Kleidung schimmert und das gesamte Bild schlechter wird, weil das komplizierte Kleidungsmuster zu viel von der Datenkapazität beansprucht.

Die Sender übertragen heute vier oder fünf digitale Programme auf Kanälen, die früher einem einzelnen analogen Programm eingeräumt waren, also ist es kaum verwunderlich, dass einiges unterwegs verlorengeht.

Zwei Abbildungen auf meiner Website zeigen Luminanz/Chrominanz-Codierungsmuster (www.techmind.org/vd/paldec.html). Weitere Illustrationen zum Thema Komprimierung beim Digitalfernsehen finden sich unter www.bbc.co.uk/rd/pubs/whp/whp131.shtml in dem Artikel auf Seite 131 der »White Papers« der Forschungs- und Entwicklungsgruppe der BBC.

Andrew Steer
Horley, Surrey, UK

Es gibt mehrere Gründe, warum Ihr Hemd ungeeignet fürs Fernsehen war. Wenn es ein komplexes Muster hat, kann es aufgrund des als »Aliasing« bezeichneten Phänomens zu einem störenden Schimmern kommen. Um das leichter zu verstehen, kann man sich Streifen vorstellen, die, wenn sie auf dem Bildschirm erscheinen, dichter beieinanderliegen, als die Hälfte des Pixelabstands dort beträgt.

Es ist klar, dass der Fernseher diese Streifen nicht umsetzen kann, weil seine Auflösung zu niedrig ist. Das Problem kann mit einer höheren Auflösung verringert, aber nie ganz eliminiert werden. Das ist auch der Grund, warum Wagenräder in Filmen rückwärts zu laufen scheinen.

Zudem gibt es bestimmte leuchtende Farben, die als »heiße Farben« bekannt sind und außerhalb des Farbspektrums liegen, das vom Fernsehsignal kodiert werden kann. Wenn Ihr Hemd sehr grell ist, könnte das das Problem gewesen sein.

Und schließlich: Wenn im Studio Blue- oder Greenscreen für den Hintergrund benutzt wurde und Ihr Hemd eine Farbe enthielt, die der auf dem Schirm ähnelte, wäre dadurch Ihr Körper durchsichtig geworden, was ziemlich blamabel gewesen wäre.

Jerry Huxtable
Ohne Ortsangabe

In einer der vorherigen Antworten auf diese Frage hieß es, das scheinbare Rückwärtslaufen von Wagenrädern im Film und im Fernsehen rühre von der begrenzten horizontalen Auflösung des Kamera/TV-Systems her. Tatsächlich wird diese Illusion aber durch den Stroboskopeffekt der Bildfrequenz verursacht. Jedes Einzelbild (25 oder 30 pro Sekunde, je nach Land) ist nichts anderes als ein Standbild von der Position der Speichen. Ist die Geschwindigkeit des Rades derart, dass die folgende Speiche nicht die Position der vorherigen Speiche erreicht hat, wenn das nächste Bild aufgenommen wird, nimmt das Gehirn eine rückwärts gerichtete Rotation wahr.

Max Dirnberger
Leitender Elektronikingenieur
Mount Waverley, Victoria, Australien

Glückszahlen

Um sich am jeweiligen Lottospiel zu beteiligen, muss man in vielen Ländern sechs Zahlen tippen. Ich habe immer das Gefühl, ich sollte diese nach dem Zufallsprinzip auswählen, doch die Gewinnchancen wären gleich, wenn ich immer 1 bis 6 ankreuzen würde. Was gibt mir dieses Gefühl?

Alice Pearson
Totnes, Devon, UK

Wie Sie einräumen, hat die Zahlenkombination 1, 2, 3, 4, 5, 6 keine größere oder kleinere Gewinnchance wie jede andere. Doch im Gegensatz zu Maschinen, die die Gewinnzahlen ziehen ohne bestimmte Kombinationen zu bevorzugen, tun Menschen das durchaus. Unser Gehirn ist darauf ausgelegt, nach Mustern Ausschau zu halten, um die Welt zu verstehen. Einer Kombination wie 15, 18, 23, 31, 37, 49 scheint für uns kein signifikantes Muster innezuwohnen, das sie von den gezogenen Zahlen in anderen Wochen unterscheidet.

Unser Gehirn bewältigt eine große Zahl von Einzeldingen, indem es sie ihrer Individualität beraubt. Daher betrachten wir alle Zahlenkombinationen, denen ein offenkundiges Muster fehlt, als im Grunde gleich und differenzieren nicht zwischen ihnen. Jede Kombination, die ein offenkundiges Muster besitzt, erscheint uns aussichtslos als Siegeskandidat, weil wir sie als speziell und – mit verkehrter Logik – unwahrscheinlich gezogen zu werden wahrnehmen.

Trotz der Tatsache, dass 1, 2, 3, 4, 5, 6 mit derselben Wahrscheinlichkeit gewinnt wie jede andere Zahlenkombination, ist es vielleicht nicht klug sie zu tippen, wenn man auf das große Geld hofft. Ich habe Schätzungen gesehen, denen zufolge der Jackpot mit rund 10 000 anderen geteilt werden müsste, wenn die ersten sechs Zahlen je zusammen gezogen würden. Das ist der Fall, weil jene Menschen sich für diese Zahlen entschieden haben, nachdem sie die Bedeutungslosigkeit der Muster, die wir Zufallszahlen gern zuordnen, gleichfalls durchschaut haben. Was sie sich nicht klargemacht haben, ist, dass es eine Menge Gleichgesinnter gibt, mit denen sie den Gewinn teilen müssten.

In dieser Hinsicht gibt es für Ihren Instinkt, die Zahlen »per Zufall« auszuwählen, eine gewisse rationale Rechtfertigung. Die beste Taktik ist es wahrscheinlich, Zahlen zu nehmen, die andere meiden – es gibt eine Reihe von Websites, die Übersichten anbieten, welche Zahlen überhaupt oder in welchen Wochen und Monaten des Jahres mehr oder weniger häufig auftauchen. Sie können sich danach richten oder auch nicht, wenn Sie im Hinterkopf behalten, dass die Ziehung komplett zufällig ist.

Interessanterweise hätte man beim britischen Lottospiel bei der Ziehung in jener Februarwoche 2007, in der ich diese Antwort formuliert habe, mit der Kombination 1, 2, 3, 4, 5, 6 für drei Richtige 10 £ gewonnen – das erste Mal im Lauf der letzten mindestens 50 Ziehungen, dass mit dieser Kombination überhaupt etwas gewonnen wurde.

Stephe Ellis
York, UK

Bei 6 aus 49 gibt es 14 Millionen verschiedene Zahlenkombinationen, und obwohl jede dieselbe Wahrscheinlichkeit hat gezogen zu werden, gibt es wesentlich mehr Zahlenfolgen wie etwa 4, 16, 27, 35, 48, 49, die zufällig wirken, als geordnete wie 1, 2, 3, 4, 5, 6. Wenn man darauf wetten müsste, ob eine zufällige oder eine geordnete Folge erscheint, sollte man sein Geld immer auf die Zufallssequenz setzen.

Steven Winfield
Cambridge, UK

Taser-Abwehr

Bei einer Konferenz der Police Federation of England and Wales wurde kürzlich der Ruf nach einem verstärkten Einsatz von Tasern laut (wo, für Etymologen von Interesse, auch das Verb »tasern« Eingang fand). Rein aus wissenschaftlichem Interesse: Was könnte man tun, um die Wirkung des Taserns abzumildern? Was geschieht, wenn die getaserte Person den Beamten packt, der den Taser abgefeuert hat? Nützt es etwas, wenn der Getaserte Schuhe mit Gummisohlen trägt? Umgekehrt: Verschlimmert sich die Wirkung, wenn man in einer Pfütze steht? Und was bräuchte ein Berufsverbrecher, um immun gegen das Tasern zu sein – einen Ganzköper-Gummianzug?

Adil Hussain
Birmingham, UK

Beim Taser-Einsatz werden zwei Pfeile in die Haut einer Person geschossen und Elektrizität mit hoher Spannung und geringer Stromstärke durch die Muskeln gejagt, was zu schmerzhaften Krämpfen und zum Verlust der willkürlichen Bewegungsfähigkeit führt. Schuhe mit Gummisohlen zu tragen oder in einer Pfütze zu stehen hat keine Auswirkungen, denn der Strom fließt zwischen den beiden Pfeilen in der Haut und nicht durch den Körper zur Erde.

Ein Ganzkörper-Gummianzug würde nur schützen, wenn er dick genug ist, um zu verhindern, dass die Pfeile in die Haut eindringen. Dicke Kleidung wäre dafür genauso nützlich, aber da ein Taser selbst dann ziemlich wirkungsvoll ist, wenn er einen Arm oder ein Bein trifft, müsste eine effektive Schutzschicht den gesamten Körper bedecken und wäre damit recht warm und hinderlich.

Die beste Verteidigung ist wohl, sich im Schussfeld des Angreifers so schnell wie möglich zu bewegen, um es ihm so schwer wie möglich zu machen, einen ins Visier zu nehmen, und damit die Chance zu erhöhen, dass einer oder beide Pfeile den eigenen Körper verfehlen.

Peter Oliver
Stockton-on-Tees, North Yorkshire, UK

Die beste Möglichkeit, einem Schock durch einen Taser zu entgehen, ist, einen leitfähigen Anzug zu tragen, um die Nadeln kurzzuschließen. Ein Hai-Schutzanzug, der aus Metallmaschen gefertigt ist und von Tauchern in haiverseuchten Gewässern getragen wird, könnte am effektivsten sein. Dieser Anzug würde wahrscheinlich verhindern, dass die Nadeln bis zur Haut vordringen, wäre aber wohl auch ein wenig schwer und klobig für den Berufsverbrecher, der zu fliehen versucht.

Aluminiumfolie ist billig und müsste funktionieren, dürfte aber bei dem Aufprall der Nadeln zerreißen. Daher ist es wohl das Beste, ein Metallgewebe zu tragen, das die Nadeln festhält.

Eine kugelsichere Weste müsste gleichfalls geeignet sein, weil sie die Nadeln abfängt, ehe sie in die Haut eindringen können.

Andrew Hicks
Harris Park, New South Wales, Australien

Hier an der kanadischen Westküste lesen wir nahezu täglich in der Zeitung von Menschen, die es geschafft haben, Taser-Auswirkungen abzumildern. Seltsamerweise stellt sich immer heraus, dass sie unter Einfluss der Droge Methamphetamin stehen. Anscheinend sind sie auch nach einem halben Dutzend Stromstößen nicht kampfunfähig. Natürlich sind sie zu Beginn des Turniers genauso wenig gesund wie hinterher. Etwas, das man gewiss nicht nachmachen sollte!

Jon Ackroyd
Vancouver Island, British Columbia, Kanada

Der folgende Artikel machte Anfang 2008 per E-Mail die Runde um die Welt. Zuerst erschien er im Ehemaligen-Newsletter eines US-Colleges. Es handelt sich um die detaillierte Darstellung eines Taser-Selbstversuchs. Er könnte apokryph sein, doch wir glauben das nicht. Aber egal, wir drucken hier eine gekürzte Fassung als heilsame Warnung für alle ab. – Red.

Letztes Wochenende wurde mir ein 100 000-Volt-Taser im Taschenformat zwecks Selbstverteidigung zum Kauf angeboten. Die Wirkungen das Tasers sollten kurzlebig sein und keine dauerhafte Schädigung bei meinem potentiellen Angreifer verursachen …

Um es kurz zu machen: Ich erwarb das Teil und trug es nach Hause. Ich legte zwei AAA-Batterien in das verdammte Ding und drückte auf den Knopf. Nichts – ich war enttäuscht. Doch ich lernte schnell, dass ich einen blauen, hin und her springenden Lichtbogen zwischen den Elektroden bekam, wenn ich den Knopf drückte und das Gerät dabei an eine Metalloberfläche hielt. Dummerweise bin ich jetzt meiner Frau eine Erklärung für den Brandfleck auf der Mikrowelle schuldig.

Da war ich also mit meinem neuen Spielzeug allein zu Hause und dachte mir, mit nur zwei AAA-Batterien könnte es schon nicht so gefährlich sein. Ich saß da in Shorts und Tank Top, auf der Nase meine Lesebrille, in der einen Hand die Gebrauchsanleitung, in der anderen den Taser, und dachte mir, dass ich das Ding unbedingt an einem echten Ziel ausprobieren sollte.

Die Anleitung besagte, ein 1-Sekunden-Stoß würde einen Angreifer schocken und ihm die Orientierung nehmen, ein 2-Sekunden-Stoß sollte Muskelkrämpfe auslösen und einen längeren Verlust der Körperkontrolle bewirken, und ein 3-Sekunden-Stoß sollte angeblich den Angreifer wie einen

Fisch an Land auf dem Boden zappeln lassen. Jeder Stoß über 3 Sekunden würde nur die Batterien vergeuden. Währenddessen betrachtete ich die ganze Zeit das kleine Gerät mit den zwei winzigen AAA-Batterien und dachte: »Niemals, unmöglich.«

Was als Nächstes passierte, spottet eigentlich jeder Beschreibung, aber ich versuche mein Möglichstes. Ich sitze da, und meine Katze beobachtet mich mit zur Seite geneigtem Kopf, als wolle sie sagen: »Tu es nicht, Dummbeutel!«, während ich mir einrede, dass ein 1-Sekunden-Stoß von so einem winzig kleinen Ding doch nicht so schrecklich wehtun kann. Ich beschließe, es einfach spaßeshalber zu probieren. Vorsichtig bringe ich die Elektroden mit meinem nackten Oberschenkel in Berührung, drücke den Knopf und …

Ich bin mir verdammt sicher, Hulk Hogan stürzte zur Tür herein, riss mich samt Sessel hoch und schmetterte ihn mit mir zuunterst immer und immer wieder auf den Teppich. Ich erinnere mich dunkel daran, dass ich wie ein Embryo auf der Seite lag, als ich wach wurde. Ich war am ganzen Körper nass, hatte Tränen in den Augen, beide Brustwarzen brannten wie Feuer, die Hoden waren nicht mehr zu sehen, der Arm lag völlig verquer unter meinem Körper, und meine Beine kribbelten. Es tat höllisch weh.

Eine Minute oder so später (genau kann ich es nicht sagen, denn Zeit war da relativ) sammelte ich meinen Verstand (jedenfalls das wenige, was davon noch übrig war), setzte mich auf und besah das Schlachtfeld. Meine Brille war verbogen und lag auf dem Kaminsims. Wie war sie dort hingekommen? Mein Trizeps, der rechte Oberschenkel und beide Brustwarzen zwickten immer noch. Mein Gesicht fühlte sich an, als hätte man eine Novocain-Spritze hineingerammt, und die Unterlippe wog eine Tonne. Nach meinen Hoden suche ich immer noch. Versucht das bloß nicht nachzumachen …

Abtauchen, abtauchen!

Im Film entkommt der Held des Öfteren den Kugeln, indem er in einen Fluss oder See springt. Wie tief muss man zu diesem Zweck ins Wasser eintauchen?

Christian Dawson
Kegworth, Leicestershire, UK

Jedes Objekt, das sich durch ein Medium bewegt, erfährt einen Strömungswiderstand, der es langsamer macht. In einem dichteren Medium wie Wasser ist der Strömungswiderstand wesentlich höher als in der Luft. Wasser ist 700-mal dichter als Luft. Der Strömungswiderstand auf die Kugel ändert sich mit dem Quadrat der Geschwindigkeit und ist proportional zur Oberfläche des sich bewegenden Körpers.

Wenn man dies weiß, kann man eine Formel für die Bewegung der Kugel aufstellen, mit der sich berechnen lässt, über welche Entfernung ihre Geschwindigkeit erheblich abnimmt. Die Gleichung berücksichtigt Geschwindigkeit, Masse und Größe der Kugel, die Dichte des Wassers und den Strömungswiderstandskoeffizienten.

Bei einer normalen Kugel mit einer Geschwindigkeit von 300 Metern pro Sekunde beläuft sich die Wasserstrecke, die nötig ist, um sie abzubremsen, auf einige wenige Meter. Daher reicht es aus, 3 Meter tief einzutauchen.

C. Sivram
Indisches Institut für Astrophysik
Bangalore, Indien

Wenn die Bösen am Ufer stehen, muss der Held nur ein oder zwei Zentimeter unter Wasser sein, weil alle Kugeln aus Kleinwaffen, die von dort auf ihn gerichtet werden, wie beim Steineditschen von der Wasseroberfläche abprallen.

Schießen die Bösen aus einem Flugzeug, trifft die Kugel aus einem wesentlich steileren Winkel auf das Wasser. Doch selbst dann durchschlägt ein 0.50 panzerbrechendes Projektil kaum mehr als 30 Zentimeter und ein .303 Vollmantel-Spitzgeschoss des Militärs nur 5 Zentimeter. Pistolenkugeln sind rund und kommen nicht einmal so tief.

Diese Zahlen wurden vom US Bureau of Ordnance nach dem Zweiten Weltkrieg ermittelt, weil man wissen wollte, ob Wasser Schutz vor Maschinengewehrfeuer bietet.

Es stimmt also. Unter Wasser zu schwimmen, ist eine gute Möglichkeit, Kugeln zu entkommen.

Ross Firestone
Winnetka, Illinois, USA

Viele Antworten bezogen sich auf die Fernsehserie *MythBusters – Die Wissensjäger*. Hier ist eine der besten davon. – Red.

Für den Test hat man bei *MythBusters – Die Wissensjäger* eine Vorrichtung entwickelt und in einem Schwimmbecken angebracht, die es erlaubte, die Tiefe des Ziels zu variieren. Bei dem Ziel handelte es sich um einen Klumpen ballistischer Gelatine, die ähnliche Eigenschaften wie ein menschlicher Körper aufweist. Die Waffen wurden in einer Höhe von etwa 120 Zentimetern vertikal ins Wasser abgefeuert.

Die Moderatoren benutzten zwei Kleinkaliber- und drei Hochleistungswaffen. Die Kleinkaliber-Munition konnte noch nach einer Wasserstrecke von 2,50 Metern in die ballistische Gelatine eindringen. In noch tieferem Wasser fielen die Kugeln einfach ab. Die drei Hochleistungswaffen waren längst nicht so beeindruckend. Ihre Salven flogen mit Überschallgeschwindigkeit, und trotz eines furchterregenden Dröhnens beim Eindringen in das Wasser bewirkten die Verzögerungskräfte des Aufschlags, dass sie binnen weniger Zentimeter unter der Oberfläche wirkungslos waren und nicht in die Gelatine eindringen konnten.

MythBusters – Die Wissensjäger hat somit gezeigt, dass man ab 2,50 Metern Tiefe vor jeder dieser Waffen sicher ist.

Michael Aydeniz
Basildon, Essex, UK

Noch ein anderer wichtiger Umstand ist zu berücksichtigen. Die Lichtbrechung ist bei einem flachen Winkel ausgeprägter, was Sie zum einen schützen würde, weil Ihr Bild verzerrt wird, so dass Sie schlechter zu sehen sind, und zum anderen, weil die Angreifer auf die falsche Stelle zielen würden.

Durch die Brechung scheint es, als wären Sie dichter an der Oberfläche als Sie in Wirklichkeit sind. Selbst wenn Sie deutlich zu erkennen sind, müssten die Angreifer statt dahin, wo Sie sich scheinbar befinden, einen Meter oder mehr tiefer zielen, um Sie tatsächlich zu treffen.

Hollywood hat übersehen, dass es eine erheblich bessere Methode gibt, jemanden auszuschalten, der unter Wasser Schutz sucht: zwei Granaten hineinzuwerfen. Wasser überträgt die Schockwellen von einer explodierenden Granate wesentlich effizienter als Luft, weil es weniger komprimierbar ist.

Phil Stracchino
Hudson, New Hampshire, USA

Unser Held dürfte weniger Glück haben, wenn auf ihn (oder sie) mit Superkavitationsprojektilen geschossen wird. Einfache Kavitation entsteht, wenn Wasser gezwungen wird, mit hoher Geschwindigkeit zu fließen, beispielsweise wenn es hinter einen sich schnell drehenden Propeller gewirbelt wird. Nach dem Gesetz von Bernoulli ist der statische Druck in einer Flüssigkeit umso geringer, je höher ihre Geschwindigkeit ist. Wenn der Druck unter ihren Verdampfungsdruck fällt, evaporiert die Flüssigkeit und bildet Blasen oder Kavitäten.

Unter normalen Umständen implodieren diese Blasen bald, aber wenn sie das ganze Objekt umhüllen, das sie geschaffen hat, tritt das stabilere Phänomen der Superkavität ein, weil es nun keine Stelle des Objekts mehr gibt, die den Blasenrand berührt, was bedeutet, dass sie weniger zum Implodieren neigt. Geschosse bewegen sich schneller und weiter, wenn sie in ihrer eigenen Gasblase »fliegen«. Um das zu erreichen, müssen sie eine abgeflachte Spitze haben, denn diese Form zwingt das Wasser mit hoher Geschwindigkeit seitwärts.

Superkavitationsprojektile wurden vom Rapid Airborne Mine Clearance System der US-Navy entwickelt. Es heißt, dass sie bis zu 5 Meter unter der Wasseroberfläche zünden.

Mike Follows
Willenhall, West Midlands, UK

Wasser ist sehr effizient beim Absorbieren von Energie, was Kriegsmarinen seit Jahrhunderten bestens bekannt ist. Tests haben gezeigt, dass ein rundes Geschoss – eine Kanonenkugel – durch festes Material – Eichenholz – ungefähr eineinhalbmal weiter dringt als durch Wasser. Ein 12,5-Zentimeter-Geschoss aus einer 18-Pfünder-Kanone mit der vollen Ladung Schießpulver in 365 Metern Entfernung abgefeuert, kann 90 Zentimeter Eichenholz durchdringen, aber kaum 60 Zentimeter Wasser.

Dem wurde auf hölzernen Kriegsschiffen Rechnung getragen, wo auf Höhe der Wasserlinie rundum ein als »Zimmermannsgang« bezeichneter Korridor frei von Ausrüstung gehalten wurde, damit Geschosslöcher schnell abgedichtet werden konnten. Weiter oben gelegene Löcher brachten das Schiff nicht in Gefahr, und der Rumpf unter der Wasserlinie wurde vom Meer geschützt.

W. Roderick Stewart
Unicorn Preservation Society
HM Fregatte *Unicorn*, Dundee, UK

Ist da jemand?

Ich habe zwei Elternteile, vier Großeltern, acht Urgroßeltern und so weiter. Wenn ich eine Ahnentafel erstelle, die zehn Generationen zurückreicht, muss ich in der oberen Reihe Platz für 1024 Vorfahren haben. Bei 30 Generationen würde ich auf eine oberste Reihe mit über 1 Milliarde Vorfahren kommen. Und wenn ich meine Familie über 40 Generationen (nur rund 1000 Jahre) zurückverfolgen wollte, würde ich nach den Namen von weit mehr Menschen suchen, als je gelebt haben. Das ist natürlich unmöglich – aber jeder hat zwei Elternteile. Wo liegt der Fehler in meiner Überlegung?

Steve Pulsford
Berea, Kentucky, USA

Die einfache Antwort lautet, dass gelegentlich auch Cousins und Cousinen oder Großcousins und Großcousinen heiraten. Da es so gemeinsame Vorfahren bereits auf der relativ nahen Ebene der Cousins ersten und zweiten Grades gibt, kann man sich leicht vorstellen, wie viele es 40 Generationen zurück sein dürften.

Auch wenn die Rechnung des Fragestellers absolut richtig ist, ist es falsch anzunehmen, dass jeder Name nur einmal in der Ahnentafel vorkommen würde. In Wahrheit gibt es Individuen, die viele Male erscheinen. Wenn es sich bei Ihren Eltern beispielsweise um Cousin und Cousine handelt, haben Sie nur sechs und nicht acht Urgroßeltern. Zehn Generationen zurück sind es dann nur 768 und nicht 1024 Vorfahren, falls es keine weiteren Überschneidungen gab. Auch wenn Menschen eher nicht ihren Cousin oder ihre Cousine heiraten, muss man nur eine Handvoll Generationen zurückgehen, um gemeinsame Vorfahren zu finden. Und je weiter zurück man schaut, umso mehr Überschneidungen findet man.

Jim Rogers
Maidstone, Kent, UK

Statt vom heutigen Tag aus in die Vergangenheit zu gehen, sollten Sie die Vergangenheit als Ausgangspunkt nehmen und sich in die Gegenwart vorarbeiten. Zwei junge Paare werden auf einer unbewohnten Insel ausgesetzt. Es gibt genug Nahrung und nicht viel zu tun, also bekommt jedes Paar zehn Kinder – die gleiche Zahl an Jungen und Mädchen –, die sich später zu Paaren finden und wiederum jeweils zehn Kinder haben. Die Inselbevölkerung umfasst nun 124 Personen: 100 Kinder, 20 Eltern und vier Großeltern – und nicht 200 Eltern und 400 Großeltern, wie der Fragesteller annimmt.

Die Überlegung ist nur richtig, wenn keiner mit dem anderen verwandt ist. Doch wie auf der Insel haben Unmengen von uns gemeinsame Vorfahren. So betrachtet: Da der Name des Fragestellers britisch klingt, ist er möglicherweise ein entfernter Cousin von mir …

Gordon Black
Hamilton, South Lanarkshire, UK

Eine Möglichkeit, das Problem zu lösen, ist, sich eine bestimmte Ahnentafel genauer anzusehen. Ein gutes Beispiel liefert die von Prinz Charles, die in *The Lineage and Ancestry of HRH Prince Charles, Prince of Wales* von Gerald Paget (veröffentlicht bei Charles Skilton, Edinburgh 1977) dargestellt ist.

Seine Eltern sind Cousins dritten Grades, denn bei beiden gehören Queen Victoria und Prince Albert zu den 16 Ururgroßeltern. Das bedeutet, dass Charles 30 und nicht 32 verschiedene Urururgroßeltern hat. Dann wird es komplizierter. Zwei der Ururgroßeltern von Queen Elizabeth (Charles' Mutter) sind zugleich die Urgroßeltern von Prinz Philip. Das reduziert die Zahl der Ahnen von Charles weiter.

Paget versuchte, alle 262 142 Personen zu benennen, die 17 Generationen von Charles' Familie ausmachen. Bis auf 83 800 hatte er Erfolg. Bei denen, die er identifizierte, handelte es sich jedoch nicht um 178 342, sondern nur um 11 306 Individuen. Die Differenz (von 167 036) resultiert aus Überschneidungen aufgrund von Heiraten innerhalb der Familie. Daher umfasst die Zahl der Vorfahren nur sechs Prozent dessen, was man meinen könnte. Diese proportionale Reduzierung wird größer, je weiter man zurückblickt. Geht man weit genug zurück, stellt man fest, dass wir alle Zweige desselben Stamms sind.

J. R. Johnstone
Nedlands, Western Australia, Australien

Menschen heiraten Menschen, die sie aufgrund eines ähnlichen geographischen, religiösen oder sozialen Hintergrunds kennen – daher sind Ehen zwischen Cousins und Cousinen ziemlich häufig. Wenn Ihre Eltern Cousins ersten Grades sind, überschneidet sich sofort ein Viertel Ihrer Ahnentafel. Dass die Dauer einer Generation variiert, spielt auch eine Rolle. Älteste Söhne von ältesten Söhnen bringen schneller die nächste Generation hervor und können auch mehr in ein Jahrhundert packen, als jüngste Söhne von jüngsten Söhnen. Dazu sollte man auch einkalkulieren, dass gelegentlich jemand einen älteren Vater und eine Mutter im Teenageralter hat. Dann sind die Generationen bald heillos vermischt. Dieselbe Person könnte dann im einen Zweig Ihr Großvater sein und im anderen Ihr Ururgroßvater.

Wenn man jede Linie der Familie ein Dutzend Generationen weit zurückverfolgt, erhält man am Ende ein komplexes Netzwerk. Je kleiner die tatsächliche Population der Vorfahren ist, desto verwickelter wird sie. Früher blieben die meisten Menschen an einem Ort, und nur ein kleiner Prozentsatz – Soldaten, Seeleute, Parlamentsangehörige – war mobil und sorgte jahrhundertelang allein für die landesweite Vermischung.

Erhellender ist es, die Wahrscheinlichkeit zu berechnen, mit der eine bestimmte Person, die vor mehreren hundert Jahren gelebt hat, mein Vorfahr sein kann. Zu meiner Arbeit für die Society of Genealogists gehörte die Erstellung eines Computermodells, mit dem sich diese Zahlen für vergangene Epochen schätzen lassen.

In England fiel die Bevölkerungszahl im Pestjahr 1348/49 n. Chr. auf den seit Jahrhunderten niedrigsten Stand. Mein Modell zeigte auf: Bei jedem, der englisches Blut in den Adern hat, gehört mit hoher Wahrscheinlichkeit jeder Überlebende der Pest, den man nimmt (solange dieser Kinder hatte), zu den Vorfahren. Oder nehmen Sie das Jahr 1066: Da zeigt das Modell, dass jeder, der damals in England lebte und Nachkommen hatte, zu meinen Vorfahren gehört – also ist jeder andere Nachkömmling (einschließlich der Mehrzahl der englischsprachigen Leser dieses Buches weltweit) mein Cousin.

Ähnliches gilt zweifellos für alle Europäer, deren Ahnenreihe bis in die Zeit von Karl dem Großen (742 – 814 n. Chr.) reicht. Noch früher kamen viele der römischen Soldaten in England aus dem Nahen Osten und Afrika und bewirkten eine noch breitere Streuung der Vorfahren.

Chris Reynolds
Tring, Hertfordshire, UK

Register